解构创造力

The Cult of Creativity
A Surprisingly Recent History

百年狂热史

〔美〕塞缪尔·W.富兰克林 — 著　Samuel W.Franklin

王筱蕾　谢璐一译

社会科学文献出版社

Licensed by The University of Chicago Press, Chicago, Illionis, U.S.A.

©2023 by Samuel Weil Franklin. All rights reserved.

目 录

引　言 | 001

1　在平凡与卓越之间 | 022
2　头脑风暴的诞生 | 060
3　作为自我实现的创造力 | 091
4　鞋厂里的集思法 | 118
5　有创造力的孩子 | 136
6　麦迪逊大道上的革命 | 154
7　创造力之死 | 179
8　从进步到创造力 | 192
9　创造力万岁 | 213

结论：该做些什么 | 236
致　谢 | 243
注　释 | 248
索　引 | 285

引 言

我在成年之后认识到自己是很有创造力的，我觉得这是一件好事。我生在 20 世纪 80 年代一个鼓励创造力的家庭中。我的父母给我报了陶艺课和音乐课，还有一个叫作"心灵奥德赛"（Odyssey of the Mind）的课程，在课上，我们和来自其他学校的学生竞争谁的短剧表演更精彩，谁能对诸如"红砖的不寻常用途"等题目做出迅速回应。富有创造力已经成为我自身特质的一部分，而且似乎与我的身份不谋而合，尽管我后来才意识到这一点。我在课堂上涂鸦，而且会在老师要求写作文时做一个立体模型。我吹萨克斯，在乐队里演奏，这让我更有创造力。富有创造力甚至似乎掩盖了我的一些不太好的特质，比如在课堂上捣乱、数学不好、不擅长运动，还有点儿神经质。

幸运的是，当我大学毕业时，那些传统的聪明人周围出现了一些反传统智慧的人，他们不仅认为创造力是一件好事，而且认为拥有创造力的人将成为世界的主宰。最近出版的一批鸡尾酒会非虚构作品讲述了关于右脑思维者、波希米亚人资产阶级以及所谓"创意阶级"的故事，他们声称，热爱规则的"组织人"时代已经过去，叛逆者会拥有更广阔的空间。随着各类工厂离开美国海岸，计算机使越来越多白领的脑力工作自动化，后工业经济的原材料不再是钢铁和煤炭，而是思想。在这个"不断失衡"和"日益复杂的世界"中，长期受缚于阁楼和波希米亚式咖啡馆的创意人员最终将成为未来新的引领者。艺术硕士（MFA）会取代工商管理硕士（MBA）。[1]

这些千禧年之交的预言很快就变成了一种信条。在硅谷的美国公司引入了弹性工作制、免费工作午餐和乒乓球桌，据说是为了迎合创意过程的灵活工作方式。各城市竞相吸引创意人才，承诺提供各种现代化的时尚设施，如现场音乐表演、工作室公寓。穿着随意、文身越来越多的建筑师、设计师和音乐家开始大量出现在广告和其他令人向往的媒体中。2010 年，在一项针对 1500 名首席执行官的调查中，创造力被列为"商业成功最重要的领导素养"，超过了诸如"正直"和"全球思维"这样的品质。[2] 由美国国家教育协会（National Education Association）、美国教育部以及苹果、微软、思科等几家顶尖科技公司组成的21 世纪技能伙伴关系（The Partnership for 21st Century Skills）委员会将创造力、沟通、协作和批判性思维一起列为"4C"。2020 年，世界经济论坛宣布，创造力是"将来在就业市场为你正名的一项技能"。[3] 我们其实早已知道：在 2011 年，"有创造力"就已经是领英网上的求职者最常用来形容自己的词。

这类形容词大都形容求职者有很好的素养；新经济与我

们对有意义的工作、自我表达和摆脱社会束缚的更深层次的需求相一致。但是，也催生了新的担忧。在有史以来最受关注的TED演讲中，肯尼斯·罗宾逊爵士（Sir Kenneth Robinson）哀叹"学校扼杀创造力"，认为西方教育体系是建立在工业模式的基础上的，几乎没有给未来工作所必需的自由表达和体验留下空间。正如著名心理学家米哈里·契克森米哈赖（Mihaly Csikszentmihalyi）在1997年的畅销书《创造力》（*Creativity*）中所写的那样，在历史上，创造力曾是"少数人的奢侈品"，而现在，它"是所有人的必需品"。[4]

为了应对这些担忧，越来越多的书、博客、文章、工作室，甚至硕士学位应运而生。它们承诺帮我们"去驾驭""去挣脱""去释放"，给我们"打气"，或者帮我们"启动"创造力。商学院提供关于创造力的课程，座无虚席。在线教育服务公司Coursera提供了数十种有关这一主题的课程。像乔纳·雷尔（Jonah Lehre）的《想象：创造力是如何工作的》（*Imagine: How Creativity Works*）或斯科特·巴里·考夫曼（Scott Barry Kaufman）和卡洛琳·格雷戈勒（Carolyn Gregoire）的《连线创造》（*Wired to Create*）这些书都"揭开了创造性思维的奥秘"，将尖端神经科学、心理学以及列奥纳多、毕加索、马丁·路德·金、鲍勃·迪伦和史蒂夫·乔布斯生活中的轶事结合在一起，揭示了"极富创造力的人的十大特质和习惯"。[5] 与大众观点不同的是，这些作品坚持认为创造力不是天才和艺术家的专利，而是我们每个人与生俱来的权利。它并不神秘，而是可以被理解和有意识地应用。

但是，创造力不仅仅是一项工作技能。就连机场书店里最注重商业、最实用的书也把创造力视为个人幸福和自我实现的关键，它本身就是一种人性的善。美国心理学会（American Psychological Association）的《性格优势与美德》手册（*Character Strengths and Virtues*），被誉为"理智的DSM"，将创造力放在首位。[6] 很多关于创造力的文学作品都明显是精神启示性的，比如朱莉娅·卡梅伦（Julia Cameron）的超级畅销书《艺术家之路》（*Artist's Way*），将佛教正念练习与匿名戒酒会的十二步计划融合在一起，并将创造力视为我们与神的联系。我们经常听说，创造力其实与工作无关，而是一种游戏形式，是"有趣的智力"。[7] 即使它被商业里那些潜在雇主看重，我们也希望创造力起源于实用性和商业以外的领域，当它被迫用于商业活动时，它其实是被玷污和损坏了。正如契克森米哈赖所写的那样，它是"我们生活的意义之所在"，也是从根本上将我们人类与动物区分开来的东西。[8]

即便如此，创造力也不仅仅是对个人或职业发展有益，它还被认为是拯救世界的东西。两位杰出的心理学家写道："只有发挥创造力，我们才有希望解决学校、医疗机构、家庭、城市或城镇、社会经济，以及我们的国家和世界面临的无数问题。创造力是推动文明进步的关键因素之一。"[9] 也许最能诠释我们对创造力的感受的，是阿迪达斯2018年的一则广告宣传口号——"创造力即答案"，足球巨星莱昂内尔·梅西和音乐制作人法瑞尔·威廉姆斯等人参与了这一广告宣传。虽然创造力究竟解决了什么问题还是模糊不清，但其含义无所不包——从智胜防守队员到研制出新的炸药再到解决最大的社会问题。

所有这些关于创造力的说法——它对商业、自我、人类和地球而言，是一种应对方法——都是无可辩驳的，甚至是不言而喻的。但是，当把它们都放在一起来看的时候，也有点儿浮夸和令人困惑。毕加索、爱因斯坦、甘地、乔布斯和10岁的我想出砖头的奇怪用途，真的都是基于同样的想法吗？学习舞蹈真的能帮助孩子们在晚期资本主义的旋涡中茁壮成长吗？创造力如何既是神圣、不可剥夺的个人体验，又是经济增长的引擎？如果创造力真的是如今成功所需要的，而且每个人至少都有潜在的创造力，为什么还会有不断加剧的种族和阶级冲突？考虑到我们现代的很多社会问题是由新事物出现得太多太快造成的，我们有什么理由认为我们一开始就缺乏创造力，还鼓励拥有更多创造力就能解决这些问题呢？

所有这些使我们不得不得出这样的结论：创造力是一个相当模糊的概念。有时它被视为一种可学习的技能，有时被视为一种天生的人格特质。在某些情况下，它专门指艺术或商业方面的"创造性"，如设计和营销；而在有些情况下，它又可以延伸到社会的各方面。它有助于伟大天才创造出杰作，也可以激发三年级学生做日常作业的灵感。最令人困惑的是，这些看似相互矛盾的东西却往往能在任何既定场合中同时存在。[10]

尽管如此，我们仍然相信创造力。因为它带来众多辉煌的成就，成了我们崇拜的对象。因为它让人感到如此有趣且有益，让人普通却非凡，它是人类进步的驱动力，也是拯救我们的存在，它投射出了我们所有的欲望和焦虑，几乎充满了神秘的力量。在我们这个分裂的时代,关于创造力最神奇的事情之一就是从来没有人说过它的坏话。事实上,我们所有人都崇拜创造力。幼儿园老师、市长、首席执行官、设计师、工程师、活动家和艺术家,我们都认为创造力是很好的,我们都应该拥有更多的创造力。

"创造力"的诞生

创意文学告诉我们,尽管我们现在才开始意识到创造力在每个领域和日常生活中的重要性,但它是诗人和哲学家自古以来一直思考的话题。事实上,直到20世纪中叶以来,"创造力"这个词才成为我们日常用语中的词。它第一次被记录下来是在1875年,相对于漫长的文字历史,它简直就是一个新生儿。[11]"创造性"这个词可以追溯到更早的时候,在1940年之前,它比"创造力"更常见,但两个词都很少使用,而且都以一种不固定的方式使用。值得注意的是,在大约1950年之前,文章、专著、散文、论文、颂歌、课程、百科全书条目或任何类似的东西里几乎没有明确涉及"创造力"这个主题(我找到的最早的词条是在1966年)。[12]事实上,在柏拉图或亚里士多德的著作中(甚至在译文中)也没有;它没出现在康德、华兹华斯或雪莱的观点里,也没有在爱默生、威廉·詹姆斯或约翰·杜威这些美国人身上被提及。正如历史学家保罗·奥斯卡·克里斯泰勒(Paul Oskar Kristeller)所发现的那样,尽管我们倾向于认为创造力是一个永恒的概念,但它是一个"缺乏哲学和历史凭证"的术语。[13]

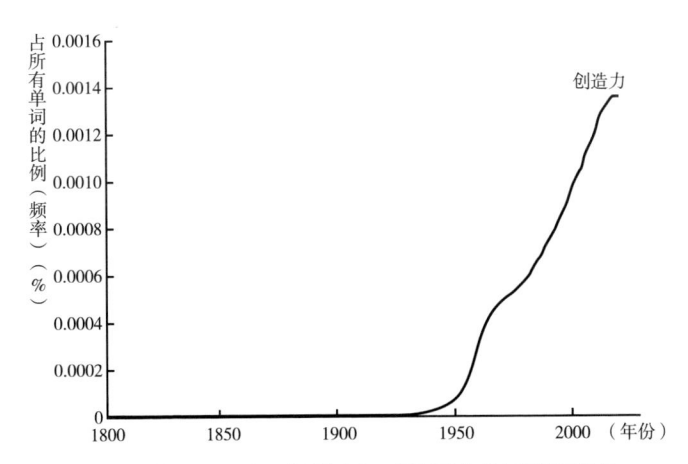

图 0-1 1800 年至 2019 年，"创造力"一词在英文书中的相对频率
Google Books.

然而，在第二次世界大战结束前后，"创造力"这个词的使用频率迅速上升——创造力的使用率大爆炸。[14]

我们是如何这么快从不谈论"创造力"到后来频繁地提及它，甚至将其作为我们这个时代的主导价值的呢？为什么？是什么让战后的这个黎明时代需要这把"瑞士军刀"式的新术语？它是一下子横空出世，还是从社会的某个角落不经意冒出来的？它如何适应当下更大的社会和文化变革？它又为谁服务？

这本书是关于我们如何开始相信创造力的——从某种意义上说，我们倾向于认为它是我们几乎所有问题的答案，或者说，我们相信有一种叫作创造力的现象。这不是一本关于创造力如何运作或如何让我们更有创造力的书。也不是我们对漫长历史长河中的艺术和发明等事物溯源的探究。[15] 相反，它是一部关于所谓"创造力"在二战后的美国如何以及为什么成为一个话题、一个学术研究和辩论的对象、一种官方认可的人格特质、一个教育和经济政策的目标、一种理想的性格的作品。可以说本书讲的是创造力如何在不止一种意义上成为一个"精神目标"的。

本书要讲的东西可能出人意料。当我开始研究创造力被大规模谈论时,我想象着能在朝气蓬勃的年轻人反主流文化中找到它的根源——这种自我表达、实验主义和叛逆的精神在20世纪60年代达到顶峰,并给那个年代留下独特的印记。但我发现创造力的热潮早在20世纪50年代——一个随波逐流、官僚主义和郊区化的时代——就开始了。它也不是来自那个时代的艺术家或波希米亚式艺人。正如桃乐西·帕克(Dorothy Parker)在1958年(战后创造力热潮高涨的年代)所打趣的那样,一个作家越能坐下来安于创作,"他就越不会陷入小群体中,为'创造力'这个词而疯狂"。[16] 尽管战后美国艺术界的许多人都接受自我表达和实验主义,但事实证明,真正深入人心的所谓的创造力——也包括"创造性"、"创造性人格"和"创造性过程"等概念——主要是出于对科学、技术、消费品和广告方面的创意的关注,而不是对艺术本身的关注。与此同时,艺术内涵并非偶然:战后对创造力崇拜主要因为大众认为艺术家才拥有的品质——比如不墨守成规、工作热情、具有人道主义精神甚至道德感,当然,还有对新事物的偏好——被传授给了科学、技术和消费文化。[17]

本书讲述的是一群形形色色的心理学家、管理大师、广告主管和工程师的事,他们一起合作,构建了我们今天所知道的创造力的概念。他们在量化、解释和系统性再现某种被称为人类创造力的各种尝试中，将自己独特又时常相互冲突的欲望（调和个人与大众社会、非凡与日常、精神性与粗俗的物质、反叛与现实之间的紧张关系）注入其中。要想创造一个统一调和这些紧张关系的术语并不容易，在他们看来，这个概念不断被瓦解。但总的来说，即使他们并没有真正解决那个时代的基本悖论，也为解决那些问题描画了一个蓝图，这个蓝图一直影响着我们对技术、消费主义和资本主义的看法，直到今天。[18]

我们以前叫它什么

当我告诉人们"创造力"是一个新术语时，他们总是会问我："以前怎么称呼它？"而我的回答总是烦人但真诚，"你说的'它'是什么意思？"第一个问题背后有两个假设，这两个假设都是正确的。首先，文字和概念不是一回事；其次，一个新词的出现或普及并不一定意味着一个全新概念的出现。例如，酒鬼和饮酒过度是两个不同时代对同一类人的描述——第一个词是指这个人习惯性地过度饮酒，第二个词如同我们一直在谈论的创造力那样——谈论过度饮酒这种现象。说创造力在某些情况下是旧概念的新术语，这一说法并非没有道理。因为如想象力、灵感、幻想、天才、开创性，甚至像创造性想象力（creative imagination）和创造性能力（creative power）这样的短语，早在"创造力"之前就存在了。

然而，现代社会中的创造力概念并不能完全追溯到这些古老的词。"独创性"（ingenuity）或"创造性"（inventiveness）显得过于功利，缺乏艺术气息。"创造力"可以激发在艺术和科学方面获得巨大成就，但作为其同义词的"天才"不知怎的就显得过于排他和浮夸了，孩子们可以有创造力，而聪明则有点太平庸了，你可能会认为一头从猪圈里找到出路的猪也算是聪明的。"开创性"（originality）更接近创造力，但缺少点灵性——不会有人说"开创性"是充实生活的关键。"想象力"也许是最常与创造力互换使用的术语，但感觉又缺点生产力。就像"幻想"一样，它完全可以只停留于大脑臆想中，肆意荒诞。倾向"创造力"的专家所持的观点是，它是"一种创造新的、有用的东西的能力"。[19]（要知道，这句话出自美国专利法，可并非巧合。）换句话说，创造力这个词能让我们思考和表达以前的术语所不能表达的东西。它不是旧概念的新表达，而是一种以前的词都无法全面表达其内涵的新词。当战后人们越来越多地选择使用"创造力"这个词时，他们会巧妙地将其含义与其他几乎普遍存在的古老概念区分开来。这个术语可能不是绝对的精准，但它做到了相对模糊的精确，并且有意义。就像光既可以是粒子，也可以是光波一样，创造力以某种方式做到了在精神上和物质上同时存在，既好玩又实用，既艺术又科技，既独特又平常。这种相互矛盾的意义和内涵，比任何一种定义或理论都更能解释它为何在战后的美国有如此大的吸引力，而这些矛盾之间的平衡似乎显得尤为重要。创造力的内核一不注意就打滑是一种特性，而不是缺陷。

如果你回顾一下创造力诞生的时期，尽可能多地去阅读关

于创造力的文章、书和演讲稿——亲爱的读者,我读过——你会立刻注意到,在开头的几行里,几乎总有这样的内容:

> 创造力既体现在科学家的工作中,也出现在艺术家的作品里;既存于思想家的脑中,也存于美学家的眼中;它还不可避免地出现在现代科技领域的领军人物身上,也同样出现于母亲与孩子的正常关系中。[20]
>
> 在绘画、创作交响乐、设计新的杀人工具、发展科学理论、发现人际关系中的新程序或培养自己新型个性中,创造性过程并没有根本的区别。[21]
>
> 艺术和科学中的(创造力)是相似的,都以相同的基本心理过程为特征。[22]
>
> 可以推测的是,无论创造力是什么,它的过程在其所有分支和变种中本质上都是相同的,因此,一种新的艺术形式,新的工具,新的科学原理的演变,都有着共同的特性。[23]
>
> 人们不仅在绘画、写诗或发现科学理论方面具有创造力,而且在烹饪、做木工活儿、踢足球或做爱方面也具有创造力。[24]

正如我们将看到的,这个在每天的祈祷中反复出现的措辞,从来都不是一个实证发现。更确切地说,这是一个起点,一个假设,一个愿望。想要知道为什么创造力在过去75年里已经成为一个如此突出的话题,就要问一下这个概念到底有什么好处,它既广泛到可以解释艺术和技术、非凡和日常,又如此狭隘,可以将所有这些提炼成个人的而非社会的现象。要回答这个问题，我们必须理解战后美国核心的、难以驾驭的意识形态和切实紧迫的需要。

大众社会与永久革命

美国从第二次世界大战中崛起，无论在政治上还是经济上都成了世界上最强大的国家。然而，这种强大引发了人们的焦虑：如何运用这么多新产生的权力，以及这样做对这个国家意味着什么。随着经济大萧条带来的深刻记忆和苏联共产主义对世界历史性的挑战，美国的政策制定者、劳工领袖和商人制订了一项计划，即通过消费主义、企业与劳工之间的和平以及军事开支来推动经济的持续增长和广泛繁荣。正如《财富》（*Fortune*）杂志于 1951 年所说，这将是一场"永久革命"，一种只有美国资本主义才能提供的稳步提高生活水平的体系。[25] 通过提供高工资、高利润和源源不断的令人眼花缭乱的新型消费品和军事技术，战后的国家建造师们将有能力抵御国内外的社会主义入侵，充分实现繁荣与现代化。[26]

钢铁厂、建筑工地和汽车制造厂中大量的工会工人的出现意味着战后经济繁荣和美国蓝领阶层的蓬勃发展。同时这个时期也见证了白领世界的惊人规模，因为大公司雇用受过大学教育的男性（有时是女性）来管理工厂车间，监督供应链，设计新产品，并向新兴的中产阶级宣传和推销这些产品。在《退伍军人权利法案》和政府对高等教育的巨额投资的双重推动下，

1940年至1964年，拥有专业和技术学位的人数增加了1倍多，增长速度是一般劳动力的2倍。科学家和工程师是其中增长最快的：1930年至1955年，科学家的数量增加了5倍，其中大部分受雇于军队或工业企业。到了1956年，白领工人的数量在美国历史上首次超过蓝领工人。[27]

这个由工程师、广告人员和大型企业组成的战后新世界反过来又引发了一场全国性的恐慌，担心"大众社会"的到来。到20世纪60年代中期，人们纷纷议论，生活水平的提高是一场与魔鬼的交易。你可以在鸡尾酒会上听到大卫·里斯曼的《孤独的人群》，万斯·帕卡德的《麦迪逊大道和汽车行业的欺骗》，或者赫伯特·马尔库塞的《单向度的人》。在大屠杀、广岛原子弹和苏联的古拉格集中营的背景下，现代制度被赋予了邪恶的色彩。战前的一代人把官僚主义和技术官僚视为解决疯狂自由市场的办法，而战后的批评者则把它们视为现代理性失控的例证。对效率的追求正在把生命本身变成一台没有灵魂的机器。对"科学"的绝对信仰使灵性和道德黯然失色。这个"富裕社会"，尽管生活舒适，却是建立在工作上同事关系疏离，无奈维持家庭的被动消费，以及社会公益道德被侵蚀的基础之上的。让人强烈地感觉到所有这些所谓的进步本质上是毫无意义，甚至是不道德的。正如社会学家西奥多·罗斯扎克（Theodore Roszak）所说，现代社会已经废除了所有"传统的超然生活目的"，取而代之的是"日益娴熟的技术手段，在生产无聊的富足物品和足以灭绝种族的弹药之间荒谬地左右摇摆"。[28]

大众社会最糟糕的弊病——或者至少是每个人都认同的——

是"从众"。心理学家 O. 霍巴特·莫勒（O. Hobart Mowrer）警告说："这个时代的趋势是走向一种从众状态，其本质是否认个人的最高价值。"[29]《财富》杂志的编辑威廉·怀特（William Whyte）警告说，可以追溯到自耕农时代的美国个人主义传统正在衰落。"在这个国家，'个人主义'——独立和自力更生——是三个世纪以来的关键词，"他写道，"但现在人们开始接受个人这个概念本身没有意义这种观点。"[30] 大卫·里斯曼写道，"内在导向"的个人主义正在被"外在导向"的社会性所取代。右翼人士指责罗斯福新政及其集体主义知识分子。左翼人士，包括许多对极权主义记忆犹新的欧洲新移民，倾向于指责公司资本主义，指责其僵化的官僚机构、大众媒体驱动的消费主义和无休止的功利主义。对于广泛的自由主义中间派来说，从众是民主的毒药，民主是国外共产主义在国内的镜像。在整个美国社会，从右翼到左翼，从社会学家到小说家，从女权主义者到黑人自由主义者，战后的思想家们都团结了起来，寻求如何从大众社会的泥潭中挣脱并恢复自主自我的途径。[31]

甚至那些大众社会的掌舵人也担心从众对创新本身的影响。麦肯锡公司的掌舵人约翰·科森（John Corson）写道："如今大型企业的管理者每天都面临的困境是，如何维持秩序、稳定性和可预测性，同时刺激和滋养所有企业所依赖的创新。"威廉·怀特写道，一种"社会伦理"正使美国资本主义缺乏创造力和灵感。他呼应奥地利经济学家约瑟夫·熊彼特（Joseph Schumpeter）的观点说，过去的经济进步是由孤独的天才推动的。熊彼特在 20 世纪 40 年代警告说，社团主义不利于创新，它把所有潜在的发明家都变成了拿薪水的雇员,扼杀了推动资本主义发展的创业动力。怀特注意到,现在的公司是"管理者",而不是"有创造力的个人"在负责。前者被灌输了"秩序、客观目标、意见一致"的思想,对创新过程中"杂乱无章的直觉、漫无目的的想法、不切实际的问题"充满敌意。与怀特的观点相呼应,科森断言"创意来自人",而不是组织,尤其是来自"不墨守成规的创新者,而不是'组织中的人'"。[32]

这种对从众的集体批判有一种特别的冷战共鸣。据说,苏联是通过让公民服务来获得技术优势的,本质上是"征用人才"。相比之下,根据1950年冷战政策纲领中NSC-68号文件的说法,"自由社会","试图创造和维持一个环境,在这个环境中,每个人都有机会激发他的创造力"。即使在1957年人造卫星发射后,当鹰派人士呼吁要更加重视数学和科学时,自由教育改革者坚持采用包括艺术和文学在内的先进方法让学生找到更适合自己的道路。人们常说在苏联为了达到目的可以不择手段,相比之下,美国的伟大必须建立在对个人的尊重之上。技术实力必须以文化目的为后盾,美国的霸权必须与它向世界兜售的自由主义价值观相一致。简单地说,美国人要思考的问题是如何打败共产党而又不变得像他们。

然而,尽管所有人都对个人的命运感到绝望,但实际上每个人都同意大众社会会继续存在。洛克菲勒兄弟基金会(Rockefeller Brothers Fund)在1961年的一份报告中得出结论:"现代社会环环相扣的复杂性是我们未来不可避免的一部分。"如果美国的个人主义精神要在这个世界上占有一席之地,"我们就必须学会在有组织的机构背景下维护它……我们怎样才能让有才华的人从庞大而复杂的组织生活中解脱出来,将他们从低志向、无聊和平庸的习惯中拯救出来呢?"[33] 因此,战后时代的挑战似乎成了如何在秩序中释放个人主义,如何在现代企业的迷宫中重振独行创意者的精神。

此外,工业的需求也在发生变化。生产力的发达使每个人的基本需求得到满足,管理层突然不再那么担心效率,而是更关心营销、创新和适应性。正如彼得·德鲁克(Peter Drucker)所说,新的管理重点不再是一味地重视制造,而是"创新和营销"。尤其是当计算机开始分担一些较低级的办公室工作时,管理者开始担心,整整半个世纪工人们都被灌输理性和秩序的价值观,并被鼓励要专业化,这使得现在的劳动力无法适应新的变化。正如战时工厂必须重新装备以满足消费经济的需求一样,白领工人也需要重新装备。

创造力通常被定义为一种与艺术家和天才模糊相关的特征或过程,但理论上来说任何人都具有创造力并且创造力适用于任何领域。创造力被看作解决战后社会结构和政治矛盾的精神良方。心理学家根据军事和企业研发的需要,开发出了识别"有创造力的人"的心理测试,但也有一个更大的动机,那就是把个人从现代的精神压迫中拯救出来。同样地,在工业中,最初的创造性思维方法,如头脑风暴是针对工业革新和新产品开发的,但它们是通过解决工作中的人际疏离感问题实现的。广告专业人士将"创意广告"吹捧为一种解决销售滞后的方法,也是一种将个人视野和创意重新带入他们领域的方法。许多公司接受创意，不仅是为了刺激革新，还因为它在反军工联合体的浪潮中显得更加人性化。在所有这些案例中，为研发实验室配备人员、提出关于新产品的创意或销售方案等实际问题，都与更大的从众、疏离感和工作道德问题共存。

创造力可以缓解功利主义与人性化或超越性之间的紧张关系。1962年，著名心理学家杰罗姆·布鲁纳（Jerome Bruner）指出，"我们现在对创造力的关注出现了尖锐的问题"。心理学家被要求"以道德家的助手""而不是纯科学家"的身份来剖析"创造性"的本质。布鲁纳怀疑，人们突然对创造力研究产生兴趣的真正原因是对白领工作性质的焦虑，尤其是对科学家和技术人员身份的焦虑。这些人被灌输了关于专业和效率的教条，认为自己是一个伟大的社会机器的一部分。但是，他说："把一个人塑造成大机器里的重要零件并不能让其拥有尊严。机器是有用的，制度是高效的，但人是什么呢？"[34] 布鲁纳认为，商业、技术或科学工作是一种创造性行为，这种观念"赋予了这一过程尊严"。因此，"有创意的广告，有创意的工程，有创意的解决问题的方法——这些都是我们这个时代为尊严而奋斗的生动作品"。对于工程师或广告专业人士来说，有创造力并不仅仅是要有生产力，尽管它确实如此，也要以艺术家或诗人为榜样，而不是以机器为榜样。他们是带着一种内在的动机，一种对创造行为的热情去追求工作，是要更人性化。虽然这并不一定会改变这些工人被雇用来发明、设计和销售产品的实际目的，但它确实隐含地为他们的工作增加了一种道德光环，将重点从产品转移到创作过程，即创造力本身。

心理学家和创造性思维专家对创造力概念的发展，使一种新的主体——有创造力的人（the creative person）——得以出现。有创造力的人是消费世界中的生产者。他不是无能的巴比特，也不是按部就班的办公室文员，他是一个有创造力的人，是一个反叛者和自由思想者。他们活着就是为了创造。这种人通常被假设为男性，但又比传统男性更具情感上的敏感性；也通常被假设为白人，但又比那些"过度文明"的同类人更具人"原始"的一面。尽管这些对中产阶级自我认知的调整是粗略的，但它们确实开阔了人们的视野，让人重新审视哪些人的脑力劳动可能更有价值。[35] 毫不奇怪，在 20 世纪 60 年代的解放运动中，争取参与国家治理的权利有时是用一种创造性的语言提出的。例如，贝蒂·弗里丹（Betty Friedan）在 1963 年写道，女性只有通过"创造性工作"才能实现自我价值，她指的是传统认识上属于男性的工作，比如记者这种被认为享有高薪和声誉的工作。[36]

弗里丹还指出了另一个关键的主题——乐观与悲观之间的张力。她对世界的现状非常不满，但也对世界的未来充满希望。对许多人来说，专注于创造力意味着卓越、兴奋，甚至是快乐，这是一种充满希望的行为。例如，许多心理学家将创造力研究与专注于精神疾病和功能障碍的研究做对比；创造力管理顾问则认为他们正在带头打造一个更人性化的工作场所。这些人希望机械自动化和物质富裕将为人类繁荣提供更多的机会，甚至超越传统的资本主义关系。[37] 我们是否能像 IBM 的托马斯·沃森（Thomas Watson）所说的那样，走向"伯里克利的新时代"，我们的物质需求得到满足,我们的思想可以自由地参与更高层次的艺术和智力追求?还是会朝着物质富裕却思想停滞的方向前进,像历史学家阿诺德·汤因比(Arnold Toynbee)所警示的那样,美国会走向文明衰落?尽管人们对创造力抱有乐观的态度,但人们需要一个词,需要去理解和掌握这种独特的活力。人们的这种需要暴露出一种深深的恐惧,因为这种活力已经极度缺乏了。

最后,除了个人与大众社会、乐观主义与悲观主义之间的总体紧张关系之外,创造力还在精英主义与平等主义之间起到调节平衡的作用。一方面,战后时代是一个深刻的民主时代,其特点是强大的福利国家、不断扩大的少数民族权利和广泛共享的繁荣。美国人不断被灌输他们是以民主的名义发动战争的,现在他们成了世界警察,但他们"普通人"的形象仍然具有经济大萧条时期的英雄魅力。另一方面,特别是在苏联发射人造卫星之后,对"平庸"的恐惧带来了一种新的对"卓越"的追求,可这往往带着反动的意味。汤因比悲叹道,美国忽视了其"有创造力的少数群体",因此有可能重蹈每一个伟大帝国的覆辙。正如1961年约翰·W. 加德纳(John W. Gardner)的书名所言,问题是"我们能同时做到平等和优秀吗?"加德纳作为卡内基公司(Carnegie Corporation)的一名高级职员,资助了一些最早、最具影响力的关于创造力的心理学研究,这并非巧合。创造力是一个可以适用于伟人、小学生和普通工程师的词。与天才不同,创造力可以说存在于每个人身上,从这个意义上说,创造力更民主,(更重要的是,也许)对管理数十名或数百名、数千名员工的经理更有用。它满足了人们对早期天才发明家和企业家的怀念，但以一种适合大众社会意识形态和实用主义的现实形式而存在。

在接下来的 8 章中，我们将通过一些二战后最热衷倡导创造力的人来了解这些推动力的作用。第 9 章则会把故事带到我们这个时代。我们既会看到试图通过经验研究创造力的人，也会看到对将创造力付诸实践更感兴趣的人。第一类人包括心理学家，他们以各种方式探索创造力的本质，从探索著名作家的思想到测试海军学员想出砖块用途的能力（还有什么？）。这些心理学家中的一些人实际上是在寻找一种更好的识别顶尖科学人才的测试方法，而另一些人则渴望创造一种能够应对现代生活的"新型人类"。第二类人包括发明了头脑风暴的广告人出身的创意大师，其创立了世界上第一家创意咨询公司和组建了跨学科产品开发团队，以及为广告的纯粹精神而战的麦迪逊大道（Madison Avenue）里的人们。代表学术界和产业界的两大群体总是纠缠在一起，他们互相引用对方的作品，在对方的会议上发言，并一起出现在各种关于创造力的图书、杂志和展览中。在这些人之间的交流中和他们中许多人所投身的各种生活项目中，我们可以看到他们是多么绝望地试图通过创造力来缓解他们所处时代的紧张关系。这些决心就像对创造力所下的任何连贯性定义都很难满足他们强加给它的所有标准一样难以持久。

挖掘这段历史会颠覆我们对创造力的许多假设，包括它一直与我们同在，或者它曾经是神、艺术家和天才的专有术语。要理解创造力是如何在最近出现的，以及由它带来的混乱和现实的世界，就要理解我们是如何一步步走到今天的。这本书不仅揭示了当今创造力专业知识的根源（至少我们都参加过头脑风暴会议）；从更广大的意义上说，它有助于阐明近代文化史的广泛影响。正如第9章所述，今天关于创业精神和"零工经济"（gig economy）的解放性、颠覆性且令人窒息的讨论，我们坚持"做自己喜欢的事"的决心以及对朝九晚五的蔑视，我们需要跳出框框思考、不再墨守成规而应反其道而行之的态度，所有这些实际上都是一种道德上的要求。事实上，现在有一类人被简单地称为"创作人"，甚至是"创造者"；尽管现代资本主义有如此多的残酷现实，但人们依然保持乐观——所有这些在某种程度上都可以追溯到战后对创造力的崇拜。事实是我们现在仍然在很多方面反复应对着同样的矛盾，这有助于解释为什么我们还是如此执着于这个想法，为什么这么多人拼命地想要拥有创造力。

在平凡
与
卓越之间

1

"我收到了最可爱的邀请",旧金山的反叛诗人和散文家肯尼斯·雷克斯罗斯(Kenneth Rexroth)回忆道,语气中带有一丝讽刺。正如他向《国家》(*The Nation*)杂志的读者说的那样,1957年初,他和杜鲁门·卡波特、威廉·卡洛斯·威廉姆斯等其他几位文学名人被召集到"人格评估与研究中心"(IPAR),参与一项关于"创造性人格"的研究活动。该中心位于加州大学伯克利分校前大学生兄弟联谊会的一所房子里。在三天的时间里,雷克斯罗斯接受了全面的心理检查。第一天晚上,他和其他客人一起受邀参加了一个鸡尾酒晚宴,之后"每个人都做了罗夏(墨迹)测试"。第二天,他们用彩色瓷砖、"释义符号"、"整理好的物品"以及个人的偏好来作画,然后与心理学家进行"长时间亲密深入的交谈"。[1]

雷克斯罗斯发现自己被卷入了一场战后创造力研究的热潮。在1950年的美国心理学会会议上,该协会主席乔伊·保罗·吉尔福特（Joy Paul Guilford）在发言中谴责了对创造力研究令人震惊的忽视。据他说，只有0.2%的心理学文章和著作谈到"创造性行为"（creative behavior）（比如"发明、设计、作曲和计划等表述"），但在培养心理学家的教科书中却找不到这些词。吉尔福特恳请他的同事们关注该问题并想办法解决这个问题，可喜的是，他们做到了。在接下来的10年里，关于创造力的新书和文章的数量与心理学专业出现以来的数量不相上下。到1965年，这一数字翻了一番，第二年又翻了一番。[2] 主流心理学期刊上发表着一篇又一篇关于"创造能力"（creative ability）、"创造行为"（creative behavior）和"创造力"（creativity）的研究文章，这些研究由国家科学基金会（National Science Foundation，NSF）、军队——吉尔福特自己的研究就是由海军研究办公室（Office of Naval Research）资助的——以及教育机构和卡内基公司等慈善基金会（雷克斯罗斯说卡内基公司给了人格评估与研究中心"一桶金子"）提供的资金支持。心理学家同行、军事和工业研究负责人、教育工作者以及数百万名普通美国人很快成了读者，他们现在可以通过有着漂亮封面的期刊学习并了解创造力的运作。到20世纪60年代末，一本名为《创造性行为杂志》（Journal of Creative Behavior）的期刊横空出世，随即建立了几个研究中心，接着便举行了几十次会议和专题研讨会——其中最引人瞩目的就是1955年在犹他大学举行的两年一次的一系列论坛。这些重要事件时常吸引着那些已经出名或即将出名的思想家，如玛格丽特·米德（Margaret Mead）、赫伯特·西蒙（Herbert Simon）和蒂莫西·利里（Timothy Leary），而更重要的是，它们为许多研究人员提供了一个学术乐园，这些人将他们的职业生涯投入创造力的研究中，构建了一个蓬勃发展至今的领域。

心理学家们一旦接纳了一个概念，无论是歇斯底里、同性恋还是抑郁，他们都会赋予它一定的社会关注度。因为他们是名义上的科学家，有着丰富的观察经验，他们如果喜欢一个术语就会不断强化它的概念，使其看起来不仅只是一个描述性的词，而是本身就存在于人们脑子里的某种意识。这个过程叫作实体化过程。心理学家是构建、发展和在某种程度上实体化创造力概念的核心推动力量群体，其影响甚至扩大到了心理学领域之外。但事实上，我们不能说是他们创造了这个词，这个词如今已经足够不言自明，足以作为一个稳定的概念来研究，但在吉尔福特发表相关演讲之前，创造力还不是一个心理学上的术语。这些研究者是第一批系统阐释创造力的人，他们定义并量化它，并在这个过程中逐渐把它变成了今天人们理解的创造力。

因此，了解这些心理学家是如何构建他们认知中的"创造力"的就非常重要。我们需要知道创造力对他们而言意味着什么，他们是如何通过设计实验给创造力下定义并提出创造力培养的可行性的，尤其最初判断创造力的标准是如何确立的。是只关注典型的天才案例中的创造力，还是也关注那些解决日常问题的小发明的创新性？当一个创意产品问世时，它得有多么新颖或与众不同？如果没什么创新性的东西问世，是不是创造力就没有得到发挥？这些问题的答案可能部分取决于对创造力研究目的的理解。正如两位创始人能很快发现创造力研究的重

图1-1 弗兰克·巴伦（Frank Barron）（右）和约翰·A. 斯塔克威瑟（John A. Starkweather）正在进行墨迹测试和图形偏好测试，1954年。"有创造力"的受试者更喜欢抽象艺术和不对称的图像，这一事实归结于他们对模糊的容忍度，而不是他们的教育或社会背景

Copyright University of California, Berkeley. Image reproduced with permission.

要性那样，在这方面，他们选择了一个模棱两可的概念，这种概念没什么理论基础。

还有一个问题：为什么要提出这些疑问？究竟是什么让这个难以界定的概念如此吸引心理学家？重点在于，创造力是如何在传统心理学理念中获得一席之地的，诸如天才、智力、想象力和发明力这些词早就出现在心理学研究领域。但创造力这个词，既充满个人英雄主义又具有民主性，既浪漫又实用，似乎是解决社会问题的良方，而且碰巧也能解决心理学领域自身的一些问题。

最终的问题归结于心理学家们如何构建创造力，又为何要携手共同研究。研究创造力的心理学家在许多方面都在研究科技领域里非常具体的问题——比如如何识别优秀的工程师——他们也相信这么做是为了满足其自身的研究需求，是在代表自由社会反对从众和平庸。这几点反映在了他们提出的具体理论和方法上。他们综合所有因素加以考虑时，最终得出了一个新的概念，即"有创造力的人"（creative person）。这类人可以说兼具特定的认知能力和人格特征。尽管我们可以假定这类人普遍存在于社会中，也就是说，他们可能潜在分布于各类人群里，无关种族、性别或阶级差异。其实关于这类人的特征构想最终都反映了心理学家和他们主要的资助者的内心假设和兴趣。

心理学的现状

这种突然兴起的创造力研究反映了心理学研究的紧张局势，在许多方面也反映了美国社会的紧张局势。就像美国的国力一样，心理学领域的研究在第二次世界大战后处于发展高峰期。作为继工程学之后发展最快的学科，心理学家几乎遍布国民生活的各个角落，从帮助回国的美国大兵适应普通生活，到为大公司工作，再到阐释青少年犯罪。战后时代在很多方面都是一个深刻的心理时代；红色文化影响下的恐慌情绪使人们更倾向于心理解释而不是结构解释，后者充满了唯物主义和共产主义的气息。从心理学的角度来看社会甚至政治问题的根源，即以异化、焦虑、专制人格类型为切入点，可以通过心理疗法而不是调整或改变社会结构解决问题。因此，心理学家在文化和日常生活的管理方面都有着很大的影响力。

与此同时，这个领域也出现了一些新的、时而相互对立的矛盾。其中一种是要求心理学研究有助于国家、社会和工业的发展。随着社会科学研究越来越依赖与战胜共产主义的承诺相挂钩的政府资金，心理学家更加努力地想证明自己的研究是"真实的"、实用的科学。心理学研究的有效目的就在于帮助识别和培养有用"人才"。犹他会议（Utah conferences）的组织者卡尔文·泰勒（Calvin Taylor）正是基于这个原因向美国国家科学基金会的资助者发出呼吁，"如果我们要在国际竞争中生存"，他解释说，"必须特别注意识别并培养'极具创造力的人'"，因为"即使只有少数这样的人，也能使我们的科学运动保持领先地位"（他还说，有创造力的人在产生新点子方面更机智，效率更高，成本也更低）。[3] 吉尔福特后来也承认了创造力研究的功利性，他说冷战时期"需要不断重视智力竞赛，有创造力的大脑是非常宝贵的，而且永远不会嫌多"。[4] 吉尔福特把创造力放在职业素养的首位，也可能是为了证明心理学的实证性：他称研究创造力如同在研究一个比外太空更神秘、更令人敬畏的领域，一个过去的心理学家"不敢涉足"的领域。[5] 借助复杂的统计法和庞大的数据集，他们将理清浪漫主义思维的混乱，并将科学方法"集中"用于创造力上，正如泰勒所说的那样，以便"积累数据、让具体的理论得以实施，以帮助开发人类的创造性才能"。[6]

但创造力研究也反映了战后心理学的另一种趋势，即心理学不仅仅服务于功利目的。这首先体现在对"行为主义"（behaviorism）的反抗中。自20世纪20年代以来，行为主义一直占据统治地位，试图将心理学从意识形态和形而上中清除出去，让其只限于对行为的经验式观察，通常是用老鼠做实验。行为主义者不喜欢推测意义和精神问题，而是建立一个几乎如同机器般的人类行为模型，形成一系列可预测甚至可编程的"应激反应"（stimulus responses）。对于1948年乌托邦小说《瓦尔登湖2》（*Walden Two*）的作者B. F. 斯金纳（B. F. Skinner）等行为主义者来说，人具备可塑性这一观点证明了人能进步，并有能力实现社会和谐。但在战争的阴影下，当人们到处诉诸道德规范时，许多批评者指责行为主义将人类贬低为动物，暗示其与导致大屠杀和古拉格集中营的工具主义（instrumentalism）相联系，甚至指责其制造了据称用于朝鲜战争中美国战俘的大众说服（mass persuasion）和"洗脑"术（brainwashing）。二战后，心理学、认知学（cognitive science）和人本心理学（humanistic psychology）的主要研究试图将心理学的人类模型凌驾于兽性之上，并将行为主义贬低否认的人类尊严、复杂人性和自由意志回归到"人"身上。这将在第三章中详细介绍。[7]

许多创造力研究者认为他们的工作是对行为主义的直接批判。泰勒说，行为主义"像瘟疫一样降临"在心理学上，使人们很难对像创造力这样高深而"难以捉摸"的事物进行可靠的研究。[8]他们谴责自身的专业研究变得狭隘和过于理性，并渴望回归心理学家在20世纪初向哲学家们提出的更大的存在主义问题：人类为什么独特？艺术的来源是什么？人类更高成就的来源是什么？人类繁荣的根源是什么？尽管对技术优势的竞争是创造力研究的直接动力，也是其在 20 世纪五六十年代研究资金充足的关键原因，但也应该意识到一点，那就是在一个如此以技术和物质目标为导向的社会中，心理学就其自身的存在价值而言，应该致力于人类的幸福。

因为创造力研究给心理学领域带来了新的研究方向，大量的心理学家被吸引。犹他会议可能是战后几十年创造力研究最重要的节点，因为人们感受到了"一种学科之间相互合作的充满前景的研究新风"。[9]泰勒"有意邀请了来自不同领域——包括行为科学、教育学、物理学和生物科学以及艺术学领域的研究人员"。[10]从一开始，他就把犹他大学英语教授布鲁斯特·吉瑟林（Brewster Ghiselin）当作其主要合作伙伴，其他与会者还包括人文学科教授、儿童心理学家、测试专家、精神分析学家、五角大楼官员、主要制造商的研究经理，等等。他们探讨的话题从小学生的绘画到工程师的专利申请，从顶尖数学家的肛门滞留人格到大学新生的语言流利度等，对创造力的研究形成了一个涵盖领域广泛的讨论。正如吉尔福特所说的那样，创造力肯定是一种复杂的、多面的现象，需要所有人齐心协力才能被正确理解。

作为包罗万象的大课题，创造力研究是如此吸引人，因为它使心理学研究成了冷战后国家社会赞助体系不可或缺的一部分，同时也为符合时代人文潮流的社会改革提供了更广泛的建议，它将能动性交还给了个人，同时也能促进社会的物质进步和快速发展。这种目标的统一在冷战期间至关重要，美国领导人在此期间推崇个性发展，而不是中央集权。为了在冷战中占领先机，美国需要在技术进步和个人自由之间取得平衡，而创造力便是最佳答案。

创造力与智力

创造力研究刚开始有一个非常实用的目的，即设计出一个好的测试。吉尔福特本人就是一位心理测量学家和心理评估方面的专家，犹他会议（尽管后来会议涵盖了更多内容）的举行是因为1950年新成立的国家科学基金会向卡尔文·泰勒博士提供了一笔赠款，以帮助制定研究生奖学金的评估标准。当时做这类事情的标准方法是对所谓的"智力"进行测试。但泰勒有理由相信这些测试，以及它们所基于的科学理论，都存在严重缺陷。

"一般智力"（general intelligence）的概念可以追溯到20世纪初，当时美国心理学家查尔斯·斯皮尔曼（Charles Spearman）使用复杂的统计方法，据称验证了所有的心理能力，即从空间推理到语言敏锐度再到数学计算，都来自一种潜在的心智力（mental power），可以用"g"来表示。曾经有反对者怀疑这种心智力是否真的存在。但到1950年，斯皮尔曼和他的助手们在很大程度上取得了成功，尤其是因为运用"g"使测试和分类大量人群的问题变得异常容易，即用一个标准的智力测试给任何一个人分配一个智商数字，对应于"弱智"、"迟钝"、"正常"

或"优秀"等类别。许多人会认为智力测试是一种进步,是一种科学和民主的选择,因为它取代了传统的以阶级为基础的衡量标准,比如姓氏和社会关系。[11] 这样的测试通过运用各种心理学概念的循环逻辑,限制和具象化了"智力"这个概念,有力地为数百万名美国人创造了机会平台,并提供了一个定量的、假定的客观基础,来说明心智力对社会意味着什么。不管怎么说,由于智力测试在军事、工业、政府和教育中成了一种通用的评估工具,其与工业社会同步迅速发展,心理测量学研究(psychometric researc)进入了吉尔福特和泰勒所在的现代领域。

但与越来越多的心理测量学家一样,吉尔福特和泰勒对"一般智力"理论提出了疑问,认为人类智力应该更多样化、受多种因素影响(吉尔福特当时正在研究一个关于智力的16因素模型)。智力的标准模型以及这些模型产生的测试忽略了创造能力,这点使他们特别关注。正如吉尔福特在1950年的演讲中所说:"创造力和创造性生产力(creative productivity)远远超出智力的范畴。"[12]

事实上,像刘易斯·特曼(Lewis Terman)这样的早期心理测量学家已经认识到"原创性"(originality)和"独创性"(ingenuity)等能力,到20世纪10年代,针对这些能力的几种测试已经开始使用。然而,到了20年代,当智力测试不断标准化并被大规模投入使用时,对"创造性"的评估就被排除在外了,连特曼自己也认为这些能力对一般智力模型来说是可以没有的。[13] 从实用的角度来看,智力测试的评估方式是设置一些开放性的问题,因此很难制定标准化的评分,所以必然导致主观性判断,这类测试很难在大型机构中使用。但创造力研究人员发现，智力测试中忽略的创造力潜伏在人类意识里，而大多数心理学家、现代企业组织和整个社会对人类潜意识里的原创性和独创性等能力持怀疑和蔑视态度。

鉴于国家对科技进步的迫切需要，以泰勒为代表的心理学家们认为这种态度是极其错误的。泰勒觉得这样的能力正是国家科学基金会的捐助人感兴趣的，显然，他在吉尔福特的号召中看到了这种机遇，很快就决定对具体的"创造性"能力进行更多的研究。泰勒要求美国国家科学基金会对此保有耐心，并能提供更多的资金以举办两年一次的大型系列会议，因此以识别独具创造性科学人才为主题的犹他会议就此诞生了。

创造力研究似乎是一个绝佳的机会来证明"g"有多么简单化。如果创造力只是一般智力的一种次级现象，那么现有的智力测试应该能够识别出最有创造力的人，因此不需要一套新的测试，也就不需要进一步的心理测量学研究。但如果吉尔福特和泰勒是对的，那么心理学家就面临着一个全新的、前沿的科学研究领域，即如何从一般智力中分辨出独具特性的创造力。

创造力与天才

创造力研究者将矛头指向智力测试，既是对现代心理学主要成就之一的批判，也是对大众社会典范技术之一的批判。但从某种意义上说，他们也在努力完善它。因为智力测试最基本的目标仍然是为企业提供参考，帮助它们识别和管理理想的员工。为了完善这些测试工具，或者更确切地说，为了使它们能适应冷战和永久性革命的新压力，这些研究人员在某些方面回到了心理测量学的根源：对天才进行研究。

碰巧，对天才的实证研究和心理测量学领域都可以追溯到同一个人：英国心理学家（也是斯皮尔曼的老师）弗朗西斯·高尔顿爵士（Sir Francis Galton）。高尔顿希望将心理学从形而上学和哲学的模糊推测中剥离出来，他率先使用统计方法来观察不同人群的心理现象（他还将这种技术应用于法医指纹鉴定）。因为对欧洲文明的命运深感担忧，他还开始研究"伟大的、天生高贵的、生来就是王者的那类人"。[14] 在1869年的《世袭天才》（*Hereditary Genius*）一书中，高尔顿选出了300名"天才"，包括"历史上最杰出的指挥官、文学家、科学家、诗人、画家和音乐家"。[15] 然后，他研究了他们的个人传记，绘制了他们的家谱，找出了他们的共同点；因为观察到许多天才也有杰出的亲戚，他得出结论，天才是具有遗传性的。值得注意的是，他并未认真考虑这些家族集群可能表明了人脉、财富或家庭文化的重要性，没有意识到女性没有出现在他的名单中是因为她们缺乏机会。他也没有考虑到诸如文化时尚或成名的偶然性等干扰因素（尽管他是根据声誉——奖项、荣誉和参考书中提到的相关信息——来选择研究对象的）。对高尔顿来说，一切都有一个生物学上的解释，从那时起，这种偏见就融入了心理学研究，一直到后来的创造力研究。

高尔顿真正想做的是研制出一种可以识别幼年天才的测试。这样他们就可以相互结合并生育，以抵消工业化和全球化对欧洲经济的不利影响（所以高尔顿还被人们称为优生学运动之父）。高尔顿的继承人发明了这样一种测试。1904 年，阿尔弗雷德·比奈（Alfred Binet）在高尔顿的一些统计方法基础上，为法国教育部（French Ministry of Education）设计了一种测试，即通过给每个测试者标上一个"心理年龄"，帮助从军队和公务员中剔除"弱智"，后来研究人员将这种测试演变为智商（IQ）测试。比奈认为他的测试是一种生硬的工具，只能做出非常粗略的智力区分，但美国斯坦福大学教授刘易斯·特曼引领一批测试人员在一战期间用智商测试来选拔军官，巩固了心理测量学与军队之间的密切关系，并使智商测试合法化。1925 年，特曼和高尔顿一样因为对白人种族的衰落深感担忧，出版了他的第一本著作《天才基因研究》（*Genetic Studies of Genius*），明确地认为现代心理学方法已经"提供了确凿的证据，证明天赋的差异是一种普遍现象，并且可以对其进行评估"。第二年，他的学生凯瑟琳·考克斯（Catherine Cox）计算了已经离世的"三百个天才"的智商，以此向高尔顿的研究致敬。特曼将自己的研究集中在 1921 年开始的对高智商帕洛阿尔托儿童（high-IQ Palo Alto children）（绰号"白蚁"）的纵向研究上，该研究旨在证明智商测试可以准确预测未来的天才，并鼓励他们相互结合。

然而，到了 1950 年，吉尔福特认为特曼的实验证明了完全相反的情况：虽然这群"白蚁"成年后似乎教育程度较高，社会适应能力强，事业上也算成功，但他们中"几乎没有人能成为下一个达尔文、爱迪生或尤金·奥尼尔"。换句话说，他们中根本没有所谓的真正的天才。吉尔福特指出，"天才"一词原本是用来形容那些"因创造力突出而脱颖而出的人",但现在,由于特曼和他追随者的那些研究,它只能用来指"智商高的孩子"。[16] 换句话说,马车跑在了马的前面。如果心理学家开发的工具使最优秀和最聪明的人被机械的测试给筛掉,以致他们的大学或工作申请被拒,他们的创造潜力没机会被挖掘,美国的科技将会发生什么?吉尔福特认为,发现顶尖人才显然是有着崇高意义的,但还需要重新关注真正重要的能力——"创造"能力。

研究创造力在许多方面与以前研究天才不同。首先,它在很大程度上不再关注遗传或种族的影响。这与更广泛的心理学研究领域一致。大屠杀之后,对智力遗传的研究几乎陷入停滞。在此之前,心理测量学对两次世界大战期间的恶性种族主义非常重要。20世纪早期的研究表明,南欧人和东欧人的低智商为20年代的反移民立法提供了智力理论支持,黑人的低智商分数不断被用来为吉姆·克劳(Jim Crow)的全国性的种族隔离主义政策(segregation and racist policy)做辩护。但到了40年代,鉴于弗朗茨·博厄斯(Franz Boas)、W. E. B. 杜波依斯(W. E. B. DuBois)等人的研究,心理学家们基本上形成了一种更为温和的观点,认为种族内部的先天个体差异比种族间的差异更为重要,并认识到种族群体之间的差异在很大程度上要归咎于外部环境因素。[17] 从主流社会思想中驱逐科学种族主义的学者进一步得到了阿什利·蒙塔古(Ashley Montagu)和艾莉森·戴维斯(Allison Davis)等学者的支持。蒙塔古是1945年出版的《人类最危险的神话:种族的谬误》(*Man's Most Dangerous Myth:*

The Fallacy of Race）一书的作者。艾莉森·戴维斯则表明，阶级才是智商得分的主要决定因素，而不是种族；因此环境才是最主要的，而不是遗传。[18] 到第二次世界大战前夕，许多主流心理学家仍然认为智力上存在先天的种族差异，但与一个赤裸裸的种族主义和优生主义政权［在很大程度上受到美国自身的吉姆·克劳制度（Jim Crow system）的启发］作战的经历，最终将优生论者逼至暗处。

在心理测量学饱受耻辱和困惑的时候，许多心理测量学家可能已经在创造力研究中找到了一个很好的切入点，即转向一个相比智力而言，没那么多种族歧视的点，至少，这能让他们继续寻找冷战期间所需要的人才。种族和遗传并不是创造力研究中真正研究的点。一些冥顽不化的优生学家被欢迎加入创造力的讨论中，发表了许多关于创造力的文章，这些人当中包括极具影响力的因素分析师雷蒙德·卡特尔（Raymond Cattell），还有半导体的发明者、硅谷先驱和诺贝尔奖得主威廉·肖克利（William Shockley）等。这两人都在犹他会议上发表了演讲，但不是关于遗传的。[19] 此外，创造力心理学家都不约而同地与高尔顿保持距离。但事实上，他们视他为心理学精神之父。卡尔文·泰勒说，正是高尔顿"开创了研究想象力个体差异的现代方法"。[20] 1967年，吉尔福特写了一本关于创造力研究史的书，他一开始就提到了高尔顿，并把自己描述为一个旗手。[21]（至今仍有一个以弗朗西斯·高尔顿爵士的名字命名的杰出创造力研究奖项。）因此，我们在早期的创造力研究中没有看到任何公然的种族主义思想，也没有看到清除心理测量学中种族主义思想的努力。

因为对遗传非常感兴趣,早期的创造力研究仍然完全是基于生物学理论的,这体现着高尔顿的假设,即能力或多或少是天生的,并将环境因素纳入考量。正如高尔顿所做的那样,许多研究者依靠社会声誉来选择研究对象。例如,吉尔福特承认"外部刺激或机会不平等"的作用,但他认为,"即使环境条件是平等的,个体之间的创造性生产力(creative productivity)也存在巨大差异"。[22] 尽管他们与高尔顿的后继者在天才与高智商的问题上争论不休,但他们热切地接受了他心理测量学研究的最初精神和目标,即从现代社会的芸芸众生中发掘出智力精英。

然而,创造力研究者没有说他们在研究天才,也没有把他们的研究称为"天才研究"。更重要的原因是"天才"一词并没有体现他们真正想要探究的东西。天才,无论从什么角度来看,都是罕见的,但"创造力"似乎代表着某种更为普遍的东西。吉尔福特说:"几乎所有人都可以做出创造性的行为,无论多么微不足道或多么罕见。"[23] 正如卡尔文·泰勒的研究生导师L. L. 瑟斯通(L. L. Thurstone)所说,创造力"从各个层面上来说本质都是一样的:不管是在商业精英、专业人士身上,还是在那些所谓的非常特别且罕见的天才身上"。[24] 一个有较少创新精神的企业工程师和伽利略之间的区别不在于创造性的类别,而在于创造性的程度。正如吉尔福特所说,创造力研究背后的假设是,"无论创造力的本质是什么,那些被认为有创造力的人只是比我们所有人都拥有的创造力多那么一点儿而已"。[25]

这种普通大众拥有创造力的假设产生了一个悖论。一方面,如果像两位学者所写的那样,假定"日常生活中的创造力与伟大的科学家或艺术家的创造力之间存在某种关系",那么"对创造力的研究就不必局限于杰出的、非凡的人"。然而,当研究者用尺子进行区分的时候,他们怎么确定他们能看出创造力呢?"如果我们把'日常创造力'纳入我们的研究",他们担心,"可能让这个概念变得毫无意义",担心它与富有想象力、聪明、足智多谋、古怪,甚至只是幸运没有区别。"只有在极端情况下,"他们写道,"我们才有理由确信我们谈论的是创造力这种东西。"另一方面,在平凡与卓越之间,如果他们只考虑重大的科学发现和无可争议的艺术杰作,就又会回到天才模式,被困在"一种'伟人理论'中,使平凡与卓越之间隔着鸿沟"。[26]

当然也有很实际的考虑,那就是心理测量学家用来区别心智能力的复杂统计方法[被称为影响因子分析法(factor analysis)],依赖大量的测试对象。正如吉尔福特承认的那样,由于"真正的创造性成就"相对罕见,研究人员可能不得不"修改标准,接受差异程度较低的案例"。[27]如果创造力研究要挑战"g"的概念,只去考虑天才的行为是不行的。因此,创造力研究比天才研究更大众化,这不仅在意识形态上更容易接受,而且更易于研究,并且这些研究结果对教育、工业和军事领域的心理测试用户可能更有价值。

发散性思维

早期最令人兴奋的研究方向是假设创造力是一种被称为"发散性思维"的相当普通的认知能力。智力测试的缺陷在于,它们只包含判断对错题，而对人的发明性（invention）能力的测试却没法有标准答案。卡尔文·泰勒从瑟斯通那里吸取了对智商测试的批评意见，瑟斯通可能是20世纪30年代以来对一般智力研究最著名的批评家（他在1933年担任美国心理学会主席）。瑟斯通对心理学的兴趣始于他在托马斯·爱迪生的实验室做工程师时期，在那里他开始想知道为什么某些员工似乎比其他人更有发明性——他没有使用"创造力"这个词。在20世纪三四十年代的一系列研究中，瑟斯通得出结论，虽然大多数科学家倾向于迅速找到问题解决方案，但那些提出许多可行性方案的人最终获得了最多的专利。瑟斯通称这种技能为"发散性思维"（divergent thinking）。

创造力研究者急于认定发散性思维可能是产生创造力的关键因素。瑟斯通的创造力测试是向测试者们展示一件普通物品——通常是一块砖——并让他们在有限的时间内列出尽可能多的该物品的不同用途。回答的范围可能从相当常见的门挡到更不寻常的东西，比如肉品嫩化剂。评分标准包括：回答的流畅性（用途的总数）、独创性（相对于传统的普通答案）和可行性（由研究人员判断）。吉尔福特采用了瑟斯通的砖块测试（brick test），并将其进行拓展且给出一系列详细阐述的开放式任务，如列出字谜（listing anagrams）、解释墨迹（interpreting ink blots）、根据戏剧性场景的图片想出一个故事等，评分的依据为回答的流利性、独创性和"巧妙性"（吉尔福特额外增加的因素）。

从技术上讲，在用这些测试来识别有创造力的人之前，它们自身首先必须得到验证。换句话说，我们必须证明，在发散性思维测试中，那些已经被认为具有创造力的人（通常是基于声誉或对产出的评估）的得分高于普通人。然后，研究人员会比较高智商人群和低智商人群的创造力测试分数，看看有创造力的人群是否与高智商人群有高重合度。如果创造力和智力之间有区别，那就意味着创造力和智力是不同的。20世纪五六十年代的几项研究声称已经证实了这一点，尽管这些研究很快就受到质疑，但就目前而言，它们为继续大量研究创造力提供了重要支撑，似乎可以说证实了创造力研究领域的基本假设，从而证明了创造力的存在和研究价值。

到20世纪50年代末，吉尔福特的思维电池（Guilford's battery）已经成为创造力研究的黄金标准，在任何需要区分"创造性"测试人群的时候都可以使用。尽管吉尔福特和其他测试设计者坚持认为，发散性思维只是影响整体创造力的众多因素之一——这些因素还包括认知能力、个性、动机，甚至环境等——但相对来说，发散性思维的易理解性和可量化性使其几乎成为创造力的代名词。发散性思维为心理学家提供了一种可控且可复制的方法，用于测试大量对象的创造潜力；同时它又可以被统计和分析，通过这种统计分析，其他人——包括政府资助者——可以确信创造力是可以被单独研究的，并且有研究价值。

识别有创造力的人

研究人员认为，要概括出创造力的本质，或者设计一个测试来挑选出有创造力的人（他们都还没做过任何有创造性的事情），需要两步：第一，对确实有创造力的人进行研究；第二，找出他们的共同点。虽然第一步乍一看似乎很简单，但其实从许多方面来看这都是最困难的。尽管大多数研究人员都觉得只要他们碰到了就能识别出来，但到真正需要定义什么是创造力时——哪怕就连达成一个最简单的一致意见，如明确他们所解释的是一种东西——一系列的悖论就出现了。

有一种挑选有创造力的人的方法就是通过他们的声誉。有些研究人员像高尔顿一样，将认可度高的特质统计出来，而另一些人则要求老师、上司、同学或专家小组的提名。例如，雷克斯罗斯参与的"人格评估与研究"结合了新闻媒体和同行问卷调查，以确定哪些领域具有创造性。

唐纳德·麦金农（Donald McKinnon）于1949年创立了"人格评估与研究中心"，其使命是"开发一项技术，用于识别那些能成功适应现代工业社会的人格特征"，他特别擅长识别高效能者。[28]战争期间，麦金农一直在为战略情报局（Office of Strategic Services, OSS）鉴别间谍；战后，在洛克菲勒兄弟基金会和美国国防部的资助下，他继续研究"高效能人士"，包括高级军事人员。1955年因约翰·加德纳（John Gardner）的建议，他开始转向识别"极具创造力的人"。约翰·加德纳是一名前战略情报局心理学家，在从洛克菲勒跳槽到卡内基公司时，他看到了创造力研究的潜力。麦金农向卡内基申请了研究经费，随即便获得了为期五年的资助，以研究"极具创造力的人"。[29]

麦金农的方法被称为"深度评估法"（depth assessment）：

将智力与性格评估结合起来，包括迈尔斯 - 布里格斯性格类型测量表（Myers-Briggs Type Indicator），关于研究对象的传记和价值观的采访，以及对群体的随机观察。对于创造力的研究，他增加了"原创性、创造性、审美敏感性和艺术反应性的衡量标准"，包括新推出的吉尔福特创造力测试（Guilford Creativity Tests）和巴伦 - 威尔士艺术量表（Barron-Welsh Art Scale），该量表要求受访者陈述他们对抽象与具象图像、不对称与对称图像的偏好。[30]研究人员首先对他们认为有创造力的一组人员进行测试，再对他们认为没有创造力的一组人员进行测试，并比较了结果。

问题是，他们是如何确定哪类群体更有创造力的呢？他们之前研究的"高效能人士"和"极具创造力人士"之间的区别基本上被归结为职业不同。研究人员确定了三种职业，这些职业将他们对创造力的理解分为三个不同领域，这使研究人员能对不同领域的创造力进行比较。第一类人主要是诗人、小说家和剧作家。像所有真正的艺术家一样，他们的作品被认为无法用客观的标准来衡量，因为那些都是人类主观精神世界的一种表达。与作家这类人相对应的是数学家，虽然在"艺术创作"层面上没有太多创造力，但他们却被认为有着最高级别的、非同寻常的想象力，在那个领域，推算出新的数学定律才是硬道理。有创造力的作家和数学家所在的领域似乎都是纯粹思想性的。

还有一类人是建筑师。在平衡作家的审美敏感性和数学家的逻辑严谨性之间，建筑师似乎最充分体现了什么是创造性。

他们追求美，但也追求结构上的合理性，他们以切实可行的方式"创造"了人类世界。建筑师的工作生活介于工作室艺术家的孤独劳动与商人的团队合作和销售术之间。建筑师们非常独立，但也不会不切实际地不顾客户要求，他们是人本主义和功利主义的理想平衡者，是现代大众社会中实现自我价值的很好典范。

选择三种不同职业背后的理念是为了验证创造力是一种普遍的特征。跨职业比较可以排除任何一个特定的因素。比如建筑师的空间推理能力明显强于作家，那么这一点就不能被认为是创造力的特点，但如果这三个人都偏好不对称图形，那这肯定是有创造力的人的特征。这样做的目的不是要找出什么造就了优秀的建筑师、作家或数学家，而是要找出是什么让每个领域的最优秀的人都如此有创造力。

研究人员表示，仅仅在"创造性"领域工作并不一定意味着其具有很高的创造力，他还必须是优秀的。因此，研究人员还对比了那些在各自领域表现优秀和良好的人。这与近一个世纪前高尔顿的方法相呼应，研究人员认为人才经常被各种出版物所引用、经常获得奖项和荣誉，也经常在各新闻媒体中被报道，这些都是相当准确的人才标记。考虑到研究者自身专业知识的不足，他们还咨询了各个领域的专家小组，选出最具创造力的从业者。

那么问题来了：专家小组如何给"创造力"下定义？他们可以告诉建筑评论家和建筑专家，有创造力的建筑师有以下特点："具有思维的独创性和处理建筑问题的方法的新颖性；有建设性的聪明才智；能在适当的时候抛开既定的惯例和程序；能设计出有效的、原创的并满足建筑主体需求的天赋。"这些评判标准是否被严格执行并不清楚，然而，提名优秀建筑师的评分表格却只包括四个所谓的"建筑的主体要求"："坚固性"、"愉悦性"、"实用性"和"社会目的"。因此，被选出的建筑师似乎更多地基于在建筑设计上展现的普遍优点被选中（前三个"要求"可以追溯到1624年的一篇论文），而不是"独创性"、"新颖性"或"巧妙性"等品质。[31]

考虑到建筑师和评委大部分是现代主义者，我们可以合理地假设，任何被同行认定的优秀建筑师都是有独创性的。但是，没有办法判定谁最具独创性或创新性。同样，在选择创造力较弱的一组研究对象时，研究人员选择的依据也只是因为他们在媒体和同行人眼中的地位较低。[湾区建筑师亨利·希尔（Henry Hill）是极具创造力的一组人中的一员，他想知道研究人员怎么解释选择对照组参与者的，是"基于不够好吗？"]

人格评估与研究中心的研究人员普遍认为"极度优秀"的人就是富有创造力的人。安妮·罗伊（Anne Roe）在20世纪50年代早期进行了一系列研究，分析了各行各业（主要是科学领域）知名人士的经历和性格相似性。这些研究经常被称为创造力研究，尽管她并没有声称这些研究是专门针对"创造力"的，也没有对"成就"本身进行任何定性评价。[32] 卡尔文·泰勒对不断发展的创造力研究领域进行了调研，他发现，"创造性"一词到底指的是一种工作类型还是一种工作质量，这一点并不是很清楚。他还指出，例如，人们常常不清楚"到底要研究的是一位有创造力的科学家，还是仅仅是有着科学家身份的人"。他告诫创造力的研究者们，"对创造性领域的典型人物的研究描述并不一定适用于那些领域的创造性人物……重点是需要复盘这些研究，以确定研究的点到底是'创造性'表现还是'整体性'表现"。[33]

阶级、种族、性别和有创造力的人

人格评估与研究中心的研究人员愿意把"卓越"作为高创造力的代表，这很容易陷入一种误区。一方面，许多顶级建筑师都很会积极营销自己的声誉，对此研究人员则表现得太过天真，他们对新闻报道和评论界赞誉的依赖使他们忽视了处于评论标准之外的建筑师。[34] 另一方面，他们相信精英统治理论，这使得包括阶级、种族和性别在内的其他社会因素被忽视。务实地把拥有创造力的标准留给社会在某种程度上强化了关于"创造力"意味着什么的现有观念，而不是像声称的那样将现实与感知分开。

不出所料，研究人员最终得出的关于创造性人格的许多结论反映了他们自己和那些高知阶层的研究对象的品位。[35] 例如，研究人员解释说，有创造力的人偏好抽象艺术并不是一种历史和特定阶级文化的产物，即拥有所谓的中世纪高雅品位，而是一种"对模糊的容忍度"和"短暂混乱"的心理表现。[36] 这是阶级、性别、种族和劳动环境作为先天人格特征被自然化和普遍化的一种方式，创造力将其巧妙地从果（一种成就或一种行为）

转变为因（一种心理状态）。

巴伦最终承认了人都会自我美化。他回忆道：

> 我突然意识到，高效能人士还受到两种相当本地化的限制；也就是说，像研究中心的工作人员一样，这样的人多为男性而不是女性，多处于中年期而非青春期。在第一次讨论愉快地结束后，我们描绘出了一幅绝妙的画面：在加州伯克利的夏末，他正值中年，工作效率高，品德高尚……结果每个员工用完全不同的形容词来描述同一个人……但他们都出奇一致地会用描述自己的形容词来描述高效能人士。……简而言之，我们每个人都在自认为好的事物中看到了自己的形象。[37]

人格评估与研究中心证明了创造力研究时常陷入描述性和规范性之间的纠结。像所有的人文科学一样，人格心理学的研究也充满了主观性，回顾一下，往往可以看到其反映了那些研究人员的偏好。我们在回顾创造力研究的案例时可以清楚地看到，尽管专家们认为他们是在客观地探求人类的一个永恒特征，但事实上，他们是在把创造力的概念构建为他们自己的理想，并且在许多方面他们都是在进行自我投射。[38]

其结果是将创造力与要求高技能、高学历的职业联系起来，自相矛盾地使创造力变得普遍又罕见——理论上任何人都有创造力，但又只研究了那些公认的有创造性的职业领域。不管多少次强调家庭主妇做的事情也有创造性，但心理学家很少去研究家庭主妇的创造力。对大多数研究人员和他们的资助者来说，真正重要的"创造性"与家庭以外的生产性劳动有关，特别是那些受过高等教育的"脑力劳动"，这在当时几乎只有白人男性才能胜任。因此，这成了许多女性在寻求职场平等时所看重的东西。自20世纪20年代女性大量进入办公室以来，她们就受制于一种性别差异观念下的劳动分工，即女性擅长于一些需要踏实和细心的工作，如文件归档、打字和电话转接等，而男性则擅长于更高层次的"创造性、司法性和行政性"的工作。[39] 1935年，《财富》杂志称赞了"美国办公室的女性化"，这使得"男性的创造力与女性注重细节的效率同步，使商业的车轮运转得更加顺畅"。[40] 但随着女性逐渐进入大学和专业职场，认为女性天生智力不如男性的观念开始出现裂痕。

与此同时，第二次世界大战期间，大量女性进入前线工作，这让许多女性渴望经济独立，追求家庭以外的工作带来的成就感。当然，对于工人阶级女性来说，外出工作并不是什么新鲜事，但在战争结束后，数百万中产阶级女性加入了她们的行列，抵制重新驯化女性和恢复"传统"性别角色的运动。这些所谓的第二波女权主义者在新兴的白领阶层中看到了机会，这正是因为她们拥有与男性平等的心智能力。在美国全国妇女组织（National Organization for Women）1966年的"目标声明"中，贝蒂·弗里丹写道："今天的科学技术已经使大部分的社会工作不再需要男性的肌肉力量；相反，今天的美国工业发展对创造性智力提出了更高的需求。"[41] 对弗里丹来说，毫无疑问，女性拥有这种创造性的智慧。

从罗马时代到现代，天才的概念都被强烈地性别化为男性独有，并与一种"生命力"联系在一起，正如达林·麦克马洪（Darrin McMahon）所写的那样，"男性的魅力和权力，通常是明确的性别化术语"。[42]（几个世纪以来，女性的身体被视为空空的容器，所有的生殖物质都来自男性。）尽管偶尔会有争论，但在高尔顿之后，浪漫主义者和经验心理测量学家都普遍认为，只有男人才能成为天才。[43] 创造力在某种程度上带有男性主义色彩，但在其他方面，它对女性是开放的。创造力的概念，正如它可能给心理学家一个机会来摆脱天才概念中的种族主义一样，它可能也会在性别概念方面开辟新的视野。

性别差异问题从一开始就被列入犹他会议的议程。[44] 包括巴伦在内的许多心理学家一度声称，他们发现女性的创造力不如男性。[45] 在1962年的一个令人震惊的性别歧视的案例中，亚利桑那州的一位名叫罗伯特·费伊（Robert Fahey）的心理学家改进了吉尔福特研发的创造性思维电池，对248名七年级和八年级的学生进行了为期两年的测试，发现男孩明显优于女孩。"在我看来，这是毫无疑问的，"他总结道，"男性就是更具创造性。事实上，正是因为拥有创造力他才成为男性"。"循规蹈矩是女性的天性，"他接着说，"她们只会照搬事实、机械重复。""当然，女人也有自己的创造力——在生孩子方面，创造力是最强的。但一个女人要想有创造性的思想，就不得不扭曲其本性。"他认为，这就解释了为什么"所有伟大的创造性思想家都是男性"。费伊在社论中写道，从不受欢迎的女教师开始，再到公司职场，现代社会对有创造力的男性施加了"女性化过程"，这对文明构成了根本威胁。[46]

然而在很大程度上，创造力研究支持了弗里丹的观点。有些研究，包括吉尔福特1967年的一项研究，发现女性更有创造力，但大部分研究认为男女差异不大。1974年，《创造性行为杂志》报道称自1950年以来的大量研究表明，性别之间的创造力没有差异——考虑到当时妇女解放运动的激烈气氛，这真是让人"松了一口气"。[47]特别是，通过发散性思维测试，表明了尽管女性似乎更容易受到社会环境的影响，但她们的创造力表现和男性一样好。[48]只是女性在社交中倾向于远离那些大胆、竞争性的或逆势的思维习惯，而这些刚好又有助于发明创造，因此就解释了为什么有时她们在创造力上表现不佳。心理学家杰罗姆·卡根（Jerome Kagan）写道，如果女性艺术家和科学家的创造性成就"远远低于我们应有的水平"，那只是因为"女孩从小就被教导要与同龄人相似，避免分歧"。[49]随着第二波女权主义开始提及女性受到的各种压制，研究人员指出了更本质上的障碍。"真正的创造性成就需要一心一意"，《创造性行为杂志》的作者写道，"如果一个人的追求被社会环境所分散"，比如照顾孩子和做家务，"其创造力必然会被削弱"。[50]

对弗里丹来说，获得工作，尤其是白领脑力工作，不仅是经济独立的问题，也是自我实现的问题。她写道："女人和男人一样，找到自己、了解自己的唯一途径就是通过自己的创造性工作。"[51]反女权主义者菲利斯·施拉夫利（Phyllis Schlafly）持相反的观点。她认为技术进步解放了妇女，使她们不再加入劳动大军，而是享受家庭生活。她在1972年写道："现代技术和机遇帮助女性发现了比婚姻和母亲更高贵、更令人满意、更有创造力的职业。"她并不羞于接受历史上的伟人学说，她继续说，"把妇女从几个世纪以来的繁重劳动中真正解放出来的是美国的自由企业制度，它刺激了有创造力的天才去追求自己的才能……妇女解放运动的英雄不是电视脱口秀节目中和警戒线里头发蓬乱的妇女，而是爱迪生和豪斯"。[52] 育儿权威专家本杰明·斯波克博士（Dr. Benjamin Spock）同样认为，社会应该明白"养育孩子是一项令人兴奋和具有创造性的工作"。斯波克担心，如果所有的女人都上了大学，找了工作，就没有人来抚养孩子了，他认为"男人因为对儿科和产科有兴趣就去从事，或女人因为对生育和抚养孩子没兴趣就逃避"都是"荒谬的"。[53] 1960年，就连左翼人士保罗·古德曼（Paul Goodman）也带着一丝嫉妒写道："女孩不必，也不用期望自己'有所成就'。"她的事业不需要自我证明，因为她会有孩子，这绝对是一种自我证明，就像任何其他自然创造性的行为一样。"[54] 激进的女权主义者舒拉米斯·费尔斯通（Shulamith Firestone）听够了这种模棱两可的说法。1970年，她嘲笑了这种说法，并说道："亲爱的，有什么能比抚养孩子更有创造力呢？"[55]

所有这些关于"创造性工作"意义的争论标志着"创造力"一词在演变过程中的一个有趣现象。像施拉夫利和斯波克这样的反女权主义者倾向于认为这个词指的是有生殖性或建设性的，而弗里丹则用这个词来描述在家庭之外进行"更高级的社会工作"的独立心理——这一观点与研究创造力的心理学家的观点更加一致。[56] 当然，当斯波克的男同事称他们的工作有"创造性"

时，这应该指的是一种与正在分娩的产妇截然不同的体验。

虽然弗里丹自己是一名记者和作家，但她所说的"创造性工作"并不仅仅指艺术和文学领域的工作（事实上，她认为"幸福家庭主妇的形象……在家里画画、雕刻或写作……是让人感到女性神秘的一种形式"）。[57]对弗里丹来说，"创造性工作"还可以包括社会或政治工作：任何服务于"比女性自身更重要的人类目标"的工作，显然，也包括她们的直系亲属。[58]在这个意义上，"创造力"一词保留了以前的意思——有建设性和积极性——但也反映了一种信念，即家庭以外的工作从根本上来说比家务劳动更能体现"人"的价值。对弗里丹来说，创造性工作的真正创造意义并不一定是某种产出（尽管它往往涉及社会对某种结果的看重），而是自我精神上的兴奋感，即发挥个人的最强能力，使其成为"认识自我"或"实现自我"的工具。她写道："那些从没想过要为一个想法付出努力的人，那些从不冒险探索未知的人，那些从未承认过男人和女人都可能拥有创造力的人，都活得不太完整。"[59]后来的批评家们有理由批评弗里丹轻视那些为了工作而工作的工人阶级女性，或者那些只是为了能在当妈妈时有足够经济支持的工人阶级女权主义者。但弗里丹和她非常信仰的亚伯拉罕·马斯洛（Abraham Maslow）所创作的著作一样，都设想了一个脑力比体力更有价值的白领富裕社会，在那里人们可以通过做有意义的工作来实现自我追求。弗里丹没有满足于女性独有的生殖性创造力，而是想参与到男性所谈论的那种社会创造力中去。

标准问题

一些研究人员认为，根据社会声誉来判定人们是否"有创造力"，这显然是不科学的，那实际上是一种同义反复的说法。美国陆军人事研究办公室（US Army Personnel Research Office）的休伯特·E. 布罗格登（Hubert E. Brogden）和西部电气公司（Western Electric Company）的托马斯·B. 斯普雷彻（Thomas B. Sprecher）代表应用科学界在犹他会议上发言时坚持认为，判断创造力的"最终标准"必须看其产出本身。只有当一个人确实创造了一些东西，无论是一幅画、一个模型、一篇文章，还是一种理论或技术，这些"独立于创造者之外而存在"的东西才能使他被称为真正拥有创造力的人。[60] 布罗格登和斯普雷彻建议设计一个体系，根据产品的独创性对其创造力进行评级。陶氏化学公司（Dow Chemical）研究主管乔·麦克弗森（Joe McPherson）提出了一个基于员工创造专利的数量和质量的名为"发明水平"（inventive level）的衡量标准。

但这种"产品第一"的标准也带来了一系列问题。是什么赋予了产品创意？首先，每个人都认为它必须是"新的"。但有多新呢？新到足以让专利法庭认可吗？新到足以让一组专家惊讶吗？大多数人认为，如果质量守恒定律是正确的，那么绝对的新颖性就是不可能的，所以新颖性也只是相对的，因此，很不幸，这又成了一个主观的标准。所以研究人员必须澄清一个基本问题，正如教育心理学家约翰·E. 安德森（John E. Anderson）所说的，"创造力的产出是否需要社会或他人对产品的独特性进行认可，还是这种独特性只适用于个人？"另一位著名的创造力研究者莫里斯·斯坦因（Morris Stein）认为是后者。他写道："第一次给自己的三轮车装铃铛的孩子，可能会经历与天才发明一件作品相似的过程。"尽管"他的成品是一件本来就存在的东西"，对世界来说并不新鲜，但他认为，鉴于整个过程的探索性，这应该被视为一种创造性行为。[61] 安德森则反对说，如果创造力对个人来说意味着体验任何新的东西，那么"每一个学习行为都是一个创造性过程，所有的生命都是具有创造性的"，这就太荒谬了。就他而言，"创造力"一词的"惯有"含义，以及创造力研究的全部要点，都是关于生产某种"被社会认可具有价值且获得赞誉的原创产品"。[62] 英语教授吉瑟林对此表示赞同，他建议对任何给定的创意产品进行评级，依据是"它在多大程度上重构了我们的认知领域"。美国国家航空航天局（NASA）的人事主管罗伯特·拉克伦（Robert Lacklen）同样认为，创造力应该通过"对科学领域贡献的广度"来衡量。[63]

但是，除了大幅缩小研究对象范围之外，坚持将社会影响力作为评判标准是非常主观的。研究人员指出，历史上许多有创造力的人在他们的一生中都没有得到赏识。安妮·罗伊对杰出科学家的心理传记研究经常被引用于创造力研究中，她宣称，"创造过程本身，也就是其自身发生的过程，与产品可能被赋予的任何价值没有直接关系……有些艺术作品或科学理论在最初提出时并不能被理解或接受，后来却得到了人们的赞扬；还有一些作品曾受到好评，之后又被否定，但作品产生的过程在这两种情况下都是具有创造性的"。[64] 所以如果有人几百年之前就发明了打字机可能不会被接受，但他显然是有创造力的，他不被接受只是因为他走在了时代的前面。那么话又说回来，我们现在难道不该有种清醒的意识来区分具有潜在价值的创作作品和仅仅是奇怪的东西吗？

争论越来越多。人们即使对创意产品的定义达成一致，那又是如何知道它是"创造力"的结果，而不是来自偶然的运气、更好的设备或更先进的教育？如果一个人花了很长时间，或者尝试了很多次才想出一个有创意的产品，这算是有创造力吗？如果这是那个人唯一的创作，那他还算有创造力吗？也许那些都不重要；他们感兴趣的是创造力（creativity），而不是生产力（productivity），过去一些最伟大的具有创造性头脑的人只有一两部重要的作品。但话又说回来，如果是为了找出那些最有可能充分利用政府研究资金的人，那么创作效率和生产力肯定是密切相关的。认识到这一点，一向务实的布罗格登和斯普雷彻想知道研究人员如何控制他们所谓的"机会变量"，以避免忽视"那些在困难环境下创作的人，或者识别出那些靠充足的资源、良好的环境或一系列简单的假设来获得成功的人（他们自身并不努力）"。[65]

其他人则认为根本不应过多考虑创作产出。亚伯拉罕·马斯洛说，研究人员的重点不应该放在"对社会有用的艺术或科学作品"上，而应该放在有"灵感"的那一刻，他称之为"初级创造力"（Primary Creativeness），而不是通常意义上的单纯完成产品的那个过程。马斯洛认为，把"作品作为衡量创造力的标准会产生太多与创造力没有直接关系的思维混淆，比如良好的工作习惯、顽强、自律、耐心、良好的编辑能力等，或者至少这些不是创造力所独有的"。对于像布罗格登和斯普雷彻这样对职场成功感兴趣的人来说，这些特质很可能是重要的。但如我们所看到的，马斯洛对这些并不感兴趣。[66]

众所周知，"创造力的标准问题"是如此棘手，以至于犹他会议几乎立即成立了一个专门的委员会来讨论这个问题。布罗格登和斯普雷彻是这个委员会的成员，他们感到沮丧的是，如果坚持把几乎所有的人和事都包括在创造力研究中，那么就不太可能使大家达成共识，最后他们建议每个人都走自己的路。他们总结道："'创造力'是一个充满争议和抽象的词，对不同的人有不同的含义。"[67]那些想寻找有创造力的工程师的人和研究儿童创造力的人应该各自逐渐探索出相应的判断标准。尽管对创造力领域的合法化和"找出一个统一的适用于所有创造力研究的标准至关重要"，但真的要为这个领域确定一个共同的标准似乎注定是要失败的。

吉瑟林也感到沮丧，他写道："对创造力的研究一直被一个最关键的困难所阻碍：研究的主题本身定义不清，难以捉摸……对创造力的判断被主观印象和所谓的印象合理化所引导，也就是这些印象经过不断地发展和实践验证形成了一种近似标准，但这种标准却没有被一种终极标准所纠正，而只有终极标准才有效。简而言之，如何区分有创造力和没有创造力的人，区分创造力很强和创造力一般的人，几乎就成了主观臆测。"[68]

标准问题其实是创造力研究者自己造成的。他们坚持认为，创造力既包括天才的行为，也包括日常的巧思，既包括艺术作品，也包括科学发现，因此他们不得不去区分这些事物之间的重大差异。同样地，因为心理因素在创造性成就中的作用，他们又得把所有的社会因素纳入其中进行考虑，结果却推翻了自己对创造性成就的一些最明显的解释，陷入一个重复的循环中而感到困惑和沮丧。

∴

战后心理学中涌现出的创造力概念，尽管存在种种问题，但反映了其在心理学领域的优先地位。毫无疑问，创造力研究者所追求的东西，至少以其纯粹和原始的形式，会在伟大天才的作品中体现出来。然而，他们拒绝接受社会变革的"伟人理论"（great man theory），即社会进步是由少数有才能的人推动的，这反映了他们作为战后心理学家的实践和意识形态立场。作为民主社会的知识分子，他们不能容忍这种精英主义的社会观，作为官僚机构的仆人，他们发现天才的形象往好了说没有多大用处，往坏了说令人憎恶。相比之下，创造力是一个至少在概念上允许，正如他们所说，"游走于平凡和卓越之间"的词。它与智慧和天才的概念都不同，却始终保留了两者的关键属性：智慧的管理实用性和天才的浪漫英雄主义。

作为一个新的心理学专业术语，"创造力"描绘了一个概念空间，其中包括最伟大的成就，也包括日常的原创性行为。这个新概念在很大程度上发挥了天才在19世纪和20世纪初的作用——也就是说，天才被认为是人类进步的引擎。但这也意味着，天才的核心特征——活性成分——远不那么罕见，而且可以像智力一样，被全民研究和受到干预。当心理学家试图从行为主义和工业时代智力测试的阴影中重现天才精神时，他们发现，天才精神不是体现在百万分之一的人身上，而是分布在数百万人身上。

创造力的这种民主性的概念非常适合官僚主义的环境。每个人都希望找到一两个天才，但不可能让整个实验室或一群研究生里都有这样的人才。正如心理学家塔希尔·A. 拉齐克（Taher A. Razik）所总结的那样，"天才也许能为社会的一个新发展奠定思想基础，但为了将这种发展传递给人民，需要成千上万的人参与进一步的创作……面对苏联的威胁，'创造力'不能再是天才们的偶发机会，也不能把它留在完全神秘和不可触及的领域。人们必须对此做点什么，创造力必须是许多人的一种特质，它必须是可识别的，它还必须通过研究者的努力发挥更大的作用"。[69]

拉齐克很清楚，理解创造力的目的始终在于如何提高创造力。从本质上讲，这是一个管理问题。创造力研究从一开始就集中关注工业领域中的员工的问题，美国的主要生产制造商和军事机构都密切参与创造力研究的管理和运行。[70] 例如，陶氏化学公司的研究主管乔·麦克弗森作为犹他会议的关键人物，向同事定期分发长文《创造力评论》（"Creativity Review"），总结该领域的发展成果。同样，贸易组织工业研究所（Industrial Research Institute）的研发主管们成立了一个创意小组分委员会（Creativity Sub-Committee），定期向其成员分发介绍该领域新研究的参考书目。到 20 世纪 50 年代末，一系列总结新发现的书问世。

总的来说，到目前为止，心理学研究的重点是（借用麦克弗森论文的标题）"如何充分激发有创造力的人"。[71] 从管理者的角度来看，前景不容乐观。1962 年，麦肯锡管理研究基金会（McKinsey Foundation of Management Research）和芝加哥大学商学院（University of Chicago Business School）组建了一个专家小组，其中包括心理学家弗兰克·巴伦、莫里斯·斯坦因和杰罗姆·布鲁纳，以及广告大师大卫·奥格威（David Ogilvy）和威廉·肖克利，还有据说在招聘时使用了创造力测试的优生学家和硅谷先驱。正如心理学教授加里·斯坦纳（Gary Steiner）所报告的那样，他们的共识是，与创造力较低的同龄人相比，极具创造力的人表现出高度的"独立判断性"，"不墨守成规，不随大流"。缺乏创造力的人倾向于对权威"无条件地服从"，而富有创造力的人则可能"把现有的权威视为暂时的"。[72] 没有创造力的员工是有社会性的，"他们很可能在一个企业组织架构内看到自己的未来，主要关心的是这个组织架构的问题和他们在这个组织中的发展，并在组织内建立广泛的人际关系"。相比之下，有创造力的人被认为是"四海为家"型的，因此"对任何特定组织的'忠诚度'都较低"。[73] 事实上，他们只忠于自己，他们"更多的是受到兴趣和对参与任务积极性的驱使，而不是受到外部因素（比如工资和社会地位）的激励"。[74] 一个有创造力的人只被自己的激情所鼓舞，不会受"胡萝卜加大棒"（carrots and sticks）政策的影响，这些"胡萝卜加大棒"政策都是为公司的利益而生的，"只有极少数幸运的人能真正从中受益"。[75] 就像安·兰德（Ayn Rand）《源泉》（*The Fountainhead*）中的主角建筑师霍华德·罗克（Howard Roark）一样，创意人员不仅是一个"有想法的人"，他还是敢于击退大众社会压力的个人主义者。他坚持自己观点的纯洁性，他鄙视的不是资本家（他本身就拥有资本家的企业家精神），而是那些负责管理他的行政官僚。[76] 有创造力的人不仅很难被操控，也很难评价，因为他们的行为"可能很难与没有生产力的人的行为区分开来。他们也会表现出无纪律的混乱，漫无目的的闲逛，甚至完全不积极不活跃"。[77] 斯坦纳总结说，管理有创造力的人似乎是"一个管理难题"。[78]

斯坦纳说，幸运的是，有些人已经找到了激发员工创造力的方法，不是通过识别并迎合有创造力的人，而是通过充分发挥普通员工所拥有的创造性才能。这些技巧（我们将在下一章中讨论其第一项）否定了创造力是孤立的或不可预测的观念，并且坚定地认为创造力可以在群体中按计划发生。这些方法催生了工业进步的不同愿景，正如通用电气公司（General Electric）创造性思维导师尤金·冯·方格（Eugene von Fange）在《专业创造力》（*Professional Creativity*）一书中所写的那样，工业进步"不会仅仅依赖少数天才"，而是依靠"成千上万人的贡献"。[79] 亦如冯·方格所说，寻找创造性思维方法的"最重要的经验"是"我们不必无助地等待某个新想法的出现……我们可以有意识地计划，并在需要的时候实现预期的结果"。[80] 这对管理者来说是一种悦耳之音。

头脑风暴的诞生

2

如果亚历山大·费克尼·奥斯本（Alexander Faickney Osborn）听说吉尔福特1950年的演讲预示着创造力研究新时代将到来，他一定会从椅子上跳起来。奥斯本是一个有想法的人，他想了很多如何产生新点子的方法。"广告是我的日常工作，"他喜欢告诉别人，"但想象是我的爱好。"作为知名广告公司天联广告公司（巴滕，巴顿，达斯汀，奥斯本（Batten, Barton, Durstine, Osborn，简称BBDO）的董事长和联合创始人，奥斯本管理的投资企业包括通用电气、通用汽车（General Motors）、好彩（Lucky Strike）、利华兄弟（Lever Brothers）和杜邦（DuPont）（"通过化学让生活更美好"）。[1]奥斯本并不以"有创造力的人"著称，这只是文案作者或艺术家的行业术语，但他相信自己已经发现了创造性思维的秘密。

1942年，他写了一本薄薄的名为《如何思考》（*How to Think Up*）的书，介绍了一种叫作"头脑风暴"（brain-storming）

的方法。他解释说,每当 BBDO 的高管们想不出一个新的口号或好的销售理念时,他们就会在下班后,在会议室或私人住宅里召集"十几个年轻人和几位高管",享用出自"知名营养师"之手的晚餐、咖啡和点心。当大家都感到舒适和放松时,小组长就会抛出问题,并要求组员尽可能多且快地说出他们能想到的点子。[2]("头脑风暴"本指军队突袭某个海岛。)在会议期间,公司里原有的层级制度被暂停——"人人平等",大家都按这点严格执行:不许指责或事后批评,鼓励大家"随心所欲"——没有所谓太愚蠢或野心过大的想法——参与者可以建构或重新整合他人的想法。最重要的是,头脑风暴在于量的积累。随着创意点子的不断涌现,小组秘书会把它们一一记下来,然后把可能长达几页的清单交给一位高管,后者会在第二天选出好的点子来。奥斯本认为,人的大脑,就像广告公司本身一样,一半由"创造力"或"想象力",一半由"理性"或"明断"组成。两者都很重要,但又需要相互妥协。现代的工作职场如同现代思维,过于主观臆断会损害创造力,而头脑风暴正好弥补了这一点。在一系列书中,包括《你的创造力:如何运用你的想象力》(*Your Creative Power: How to Use Your Imagination*,1948)、《唤醒你的头脑:101 种培养创造力的方法》(*Wake Up Your Mind: 101 Ways to Develop Creativeness*,1952),以及后来成为创造性思维"圣经"的《应用想象力》(*Applied Imagination*,1953),奥斯本认为,创造性思维并不神秘,也不仅仅限于少数天才,想出一个好的点子是任何人都可以培养和运用的技能。

这种提法与吉尔福特以及大多数其他创造力心理学家的切

入点都不同，他们最初主要关注如何识别潜在的创造才能，而不是怎样激发它。不管怎么说，尽管在 1950 年之前，奥斯本其实从未使用过"创造力"或"创造性"（creativeness）这两个词，但他把吉尔福特的演讲视为对自己工作的肯定，并把自己定位为一场新的"创造力运动"的倡领者，他以广告人的身份热情地推动着这一运动。1954 年，66 岁的奥斯本从 BBDO 退休，成立了创意教育基金会（Creative Education Foundation，CEF），通过分发文献，向世界各地派遣头脑风暴培训师，以及在布法罗（Buffalo）举办为期一周的"用创意解决问题"的研讨会（Creative Problem-Solving Institute，CPSI），来"提高公众对创造力重要性的认识"。虽然他的主要追随者和早期运用者基本是一些大型企业、政府和军队的高层管理人员，但奥斯本渴望在整个美国社会掀起一场革命。他相信，通过帮美国人切实运用创造力，他可以帮助解决各种各样的问题，包括从家庭婚姻纠纷到国际冷战等。

在学术界和商界，持怀疑态度的人认为，头脑风暴充其量只是一种时尚，就像滑板或呼啦圈一样，最糟的是，它只是创造的赝品。但奥斯本提倡将随心所欲、快乐主义与实用、信息自助相结合，在战后的美国引起了广泛共鸣。通过"应用想象力"（applied imagination）、"计划灵感"（planned inspiration）和"大众创造力"（mass creativity）等具有挑衅性的矛盾语，头脑风暴以及由其产生的其他创造性思维方法会减少人们对个人能动性和创造力丧失的担忧。[3]

图 2-1 头脑风暴的流行，部分是为了回应消费经济对新产品、口号和品牌名称的需求

The New York Times © 1957 The New York Times Company. All rights reserved.

"你和你的想法一样富有"

1947年秋天,奥斯本拿起一支铅笔,独自进行头脑风暴,为了思索他第二本书的标题。他在整整两栏里潦草地写了好几页,总共列了589个标题。名单是这样开头的:

你的创意力量

你的创意动力

你可以创造想法

创造性地生活

思考能力

你的想象力

想法的能力

你的思想力量

思想的力量

你心中的黄金

你有丰富的想法

你未使用的捐赠

创意让生活更充实

创意能为你做什么

创意如何让你更富有

创意能让你的生活更美好

让自己充满创意

向上思考,向上攀登

2 头脑风暴的诞生

你和你的想法一样富有

唯利是图的想象力

奥斯本经常提醒读者,他不是心理学家,他只是一个自由作家。他的作品中包括格言和轶事,作品的标题主要涉及自我提升和财富积累。即使一些他没有用过的标题也能让我们知道他在想什么。他的作品中有一些经久不衰的主题,比如关于货币、商品或珍贵矿物的想法[《来自白日梦的美元》("Dollars from Daydreaming")、《思想蒲式耳》("Bushels of Ideas")、《王冠上的珠宝》("The Jewels in Your Crown")],思考是一种自然的力量[《如何驾驭你的思想》("How to Harness Your Thoughts")]。他的许多标题都传递了他对创意的思考[《如何获得创意》("How to Get Ideas")],许多标题告诉读者他们也能想出创意点[《原来你也有想象力!》("So You've Got an Imagination Too!")]。超过三分之一的标题中有"想法"(idea)一词,四分之一的标题中有"想象"(imagination)一词,超过一半的标题中有"你"或"你的"字眼。奥斯本的哲学很简单:与人们普遍的认识不同,他认为每个人都至少拥有某种天生的创造力,这种创造力可以通过成熟和系统的练习来得以提高并运用。[4]

奥斯本认为自己是福音的传播者。"过去人们认为,只有少数天才才拥有创造性的想象力",他写道,但事实并非如此,"每个人生来就有创造力"。他并没有声称他的方法"可以把一个车轮匠变成一个剧作家"。[5] 他只承诺帮助人们最大限度地发挥潜藏的创造力,并"使其越来越有成效"。[6] 与这种民主性的思想密切相关的是新教伦理:奥斯本认为创造性思维是一种技术活。"我不是什么天才,"他坚持说,"但我不断积累经验使想象力就像肌肉一样,可以通过锻炼而增强。"奥斯本一生都是商业共和党人(business Republican),反对罗斯福新政,他信奉勤奋努力和创新精神[《思想如同靴带》("Ideas as Boot-Straps")]。尽管他的职业是帮助人们通过消费享有舒适的生活,但他为失去了一个艰苦的时代而感到痛心,他认为现代社会已经耗尽了美国赖以发展的"富有想象力的活力"(imaginative vigor)。但是,奥斯本并没有主张回到前工业时代,而是提出了一个替代方案:一种技术。通过这种技术,现代人可以"填补因外部动力丧失而造成的空白,那种动力曾使我们保持强大的创造力"。[7] "是的,你,可以加快你的思考速度,"奥斯本以他典型而有力的广告文案风格写道,"但你必须尝试。"[8]

从本杰明·富兰克林到戴尔·卡内基,再到诺曼·文森特·皮尔(Norman Vincent Peale),奥斯本喜欢引用这些励志作家的格言。他使传统的资产阶级价值观适应现代企业理念。几十年来,这些励志作家使日益壮大的城市白领阶层们将自己视为独立的个体,尽管他们越来越觉得自己就像是生活在既无法掌控也无法理解的制度下的奴隶。这类作家的小说用白手起家的轶事来表明每个人都是自己命运的主宰,这种既民主又精英的自相矛盾式风格使社会制度的不平等性合理化,也将批判的范围缩小到个人层面,将任何失败都归于个人的失败。奥斯本在很多方面延续了这种自耕农式的共和理想,但这里的"自耕农"拥有的不是土地，而是自由的思想。在后唯物主义的世界观中，资源、时间、权力和政治等因素没有立足之地，甚至教育、辛勤工作（传统意义上的）、机智、远见、勇气或偶然的运气也没有立足之地。"在商业的成功阶梯上，只有好的想法才是往上走的台阶，"他写道，"好的想法比运气更能使你找到理想的工作。"[9]

对奥斯本来说，大大小小的人类成就都归结于有想法。从车轮到原子弹，从丘吉尔到伊莱·惠特尼（Eli Whitney），从格兰特·伍德（Grant Wood）到城市规划师罗伯特·摩西（Robert Moses），他写道，"文明本身就是创造性思维的产物"。这个说法既没有争议，又令人震惊。奥斯本坚持认为，从科学理论到战场演习，从消费电子产品到育儿技巧，一切都是"创造性思维"（creative thinking）的结果，他把每一项特定的成就都简化为一个通用的词——"想法"，而这任何人都可以拥有。这是奥斯本公式背后的一种自抬身价的手法，一种讨喜的过于简化的说法。奥斯本把头脑风暴和莎士比亚的十四行诗放在一起类比，或者更确切地说，通过暗示莎士比亚在写十四行诗时本质上就是头脑风暴，奥斯本请他的读者把每天需要解决的问题和想出的广告语看作伟大文明进程中的一小步。基本上与专业心理学家试图概括创造力的特征一样，奥斯本也想在平凡和卓越中找到共同的特性。然而，对于奥斯本来说，他的目标不是找出谁拥有或谁没有创造力，而是指导每个人如何将它激发出来。

奥斯本声称创造性思维可以帮助任何人做任何事。创意教育基金会的小册子《你耳朵间的金矿》（*The Gold Mine Between Your Ears*）里写道：

你肯定想：

……通过促销来赚更多的钱。

……想出更多赚钱的点子。

……成为更好的父母和配偶。

……从生活中获得更多乐趣！

有什么方法可以帮助你实现这些目标吗？

是的，有——就像投球或扔马蹄铁一样都有技巧。

首先你本来就有与生俱来的天赋——能想出好点子的能力。

如果你读了这本小册子，你可以将这种能力发挥得更好。

然而，尽管声称"女人可以和男人一样想出最聪明的点子！"这本小册子里的卡通人物还是典型的西装男，而且大部分例子都来自男性职场。正如《纽约时报》(*New York Times*)在关于《你的创造力》的一篇评论文章中所指出的那样，尽管奥斯本声称自己的概念具有普适性，但作者"将自己局限在了商业领域的创造性想象力上"，他大量的例子偏重消费品，"从肥皂粉到爱斯基摩甜饼（Eskimo pie）"。[10]

事实上，奥斯本整个关于"想法"的概念——用一两行文字传递简单的信息或表示一个易执行的方案——都带有明显的商业印记，比如麦迪逊大道上的磨坊标语和当时被称为企业建议机制的东西。由于二战期间原材料和人力短缺，许多公司为了提高生产能力，开始向普通员工征求如何加快或改进生产的想法，这使得建议机制得到大力推行。在战争生产委员会（War Production Board）的协调下，工厂地板上开始出现一个特殊的盒子，工人们往里面放纸条，让管理层知道他们的想法。工厂印发的海报上写着："山姆大叔想要你的想法！"那些高层大声疾呼"为了胜利，让我们把创造力投入工作中去吧！"[11]但工人们通常都会小心翼翼地保留其车间技术知识，因为他们知道，他们向管理层让渡的任何东西，都可能会换来加速生产、常规化甚至裁员等结果。企业经理们希望，暂时的战时团结可以让大家齐心协力，工人们也愿意共享一些技术知识。[12]

奥斯本兴奋地指出，建议机制可以使创意成为额外收入的来源，甚至可以激励到中产阶级。通用汽车公司为每一个有用的想法提供1000美元的战争保证金（那些已经因他们的想法获得报酬的人，如工程师、设计师和经理，不在此范围内），据报道，5个月内，公司每天收到200条建议。奥斯本声称，许多工厂的工人——那些"业余的想法提供者"，而非"专业的点子团队"——已经从中受益。一位来自阿克伦（Akron）固特异厂的工人用他提供建议得来的收入支付了一次医疗手术的费用。一群女性工人，虽然"不像男人那样善于描述自己的想法"，却发现了一种更好的给飞机软管喷油器的方法。还有一些人被晋升为监管员和设计师。虽然这些普通的员工不会因为给公司献了策就流芳百世，但奥斯本向他的读者保证，通过运用他们"意想不到的才能"，他们将跻身"好日子"（Goodyears）和爱迪生的行列,传承美国的创造精神。

有些读者可能会觉得普通人也拥有好点子这个"意识"有些自以为是,认为这简直就是视资本家数百年来对工人做的强有力的培训而不顾,这些培训从一开始就只打算把工人们训练成纯粹的技术性操作员。[13] 尽管许多人发现自己能提出原创想法时都感到兴奋和惊讶,但要真正请他们去想出一个好的点子还是没那么快的,至少在工作中其实很难有这样的机会和平台。奥斯本的演讲一定有什么神奇或者至少令人鼓舞的地方,他有一套持续保有想象力的方法。

奥斯本的书既写给雇主,也写给雇员。他写道:"雇主们渴望从员工那里获得想法。""但他们得努力去挖掘,并且知道如何挖掘员工的想象力,否则他们就不是一个好的雇主。"[14] 最终,奥斯本的想法并没有在蓝领阶层中得到普及,而是在白领阶层,尤其是在白领阶层的高管中普及开来。

开始头脑风暴

1955 年末到 1958 年,头脑风暴席卷全国。1955 年 12 月 5 日,《华尔街日报》(*Wall Street Journal*)头版的一篇新闻报道写道:"头脑风暴,更多在于建立自由的'思考'小组来挖掘想法——乙基公司(Ethyl)在 45 分钟内得到了 71 个想法;雷诺兹金属公司(Reynolds Metals)制订了营销计划。"报道援引了一位高管的话说:"我们的经验绝对可以证明,你能用这种方法从组织的一线员工那里获得有益的想法。"[15] 1956 年 5 月,《纽约时报》、

《新闻周刊》(Newsweek)、《纽约客》(New Yorker)和《生活》(Life)都报道,海军请来了乙基公司的查尔斯·H.克拉克(Charles H. Clark)来激发"更多的政治想象力,制定应对共产党的新策略。他是奥斯本的亲密伙伴,也是最热心推动头脑风暴的人之一"。《时代》(Time)杂志的标题是"联邦政府的'大脑'为风暴做准备:麦迪逊大道上技术的信徒们努力激发懒洋洋的思想家"。1958年1月,女性杂志《麦考尔》(McCall)建立了一个由16名女性组成的小组,在一位创意教育基金会代表的协助下,"试图通过'头脑风暴'",找到理想中的丈夫。这些女性一共提出了404条建议,包括"让你的车在重要地点抛锚","在医学院、牙科学院或法学院找份工作","不要害怕和更有魅力的女孩交往,她们那儿可能还有一些优秀男性的资源"。[16]

这类文章读起来常常像新闻稿。在其背后,创意教育基金会努力以推销员似的顽强和广告人般的敏锐定位来实现奥斯本的使命。他们通过报刊媒体征求朋友的意见,写客座专栏文章,甚至游说相关人士将"头脑风暴"一词添加到词典中[1962年他们成功了,《韦氏词典》(Merriam-Webster)同意将其收入]。[17] 创意教育基金会的成员分布在全国各个角落,他们为帕塞伊克(Passaic)乡镇公立学校、巴布科克和威尔科克斯公司(Babcock & Wilcox Company)的原子能部门(Atomic Energy Division)、康奈尔大学(Cornell University)心理学系和后期圣徒教会等进行演示。一位成员从现场报告说,他已经为"一个高中学生会、四个联邦管理研讨会、一些专业协会、几个巴基斯坦政府官员团体和各种服务俱乐部"进行了头脑风暴演示,并正准备与比弗利山庄高级官员会面，且已经在路上了。[18]

这场大规模的宣传显然引起了轰动。"我的创造性想象力正在飙升，这一切都归功于你"，密歇根州（Michigan）巴特克里克（Battle Creek）的铁路索赔代理人亚瑟·J. 费提格（Arthur J. Fettig）写道。他最近组建了一个名为"巴特克里克头脑风暴"（Battle Creek Brainstormers）的组织，旨在"彻底改变铁路行业"。711便利店要求为潜在的加盟店提供《头脑风暴原则和程序》（"Principles and Procedures of Brainstorming"）的副本，一位神学院的老师写信要一本《应用想象力》和一些补充材料，说他"对创造力非常感兴趣，并渴望在学生中培养它"。[19]

对许多人来说，参加布法罗一年一度的"用创意解决问题"研讨会是一次转变性的经历，其中包括西德尼·帕尼斯（Sidney Parnes）。他参加了第一年的活动，并在接下来的每年都参加。他先是一位促进者，后来成了长期、受人喜爱的研讨会主任。来自通用电气、通用汽车、费尔斯通（Firestone）和百路驰（B. F. Goodrich）的研究主管都是该研讨会的早期参与者，他们将在会上所学的知识纳入公司的常规培训计划中。[20] 到第三年，入会者达到近500人[21]["妻子俱乐部"（Wives Club）在餐饮工作之余也进行了自己的创造性思维练习。几年后，很多女性被邀请加入该研讨会]。[22] 摩托罗拉公司（Motorola）首席执行官罗伯特·高尔文（Robert Galvin）也是该研讨会的与会者，他亲自委托重新印刷奥斯本的《你的创造力》，并分发给每一位员工。据奥斯本说，到1963年，主管们已经订购了100多万份创意教育基金会的《你耳朵间的金矿》小册子、一本24页附有插图的精华版《应用想象力》。在1958年的一份关于创造力运动进展的报告中,奥斯本列举了几十家实施创造性思维项目的公司,包括美国铝业公司(Alcoa)、布里斯托尔·迈尔斯公司(Bristol Myers)[奥斯本的密友李·布里斯托尔(Lee Bristol)曾担任创意教育基金会主席]、康乃馨牛奶公司(Carnation Milk)、芝加哥论坛报集团(Chicago Tribune)、卡夫食品公司(Kraft)、通用食品公司(General Foods)、格伦·马丁公司(Glenn Martin)、亨氏公司(H. J. Heinz)、IBM、胡佛公司(Hoover)、克罗格公司(Kroger)、National Cash Register、必能宝公司(Pitney-Bowes)、雷明顿武器公司(Remington Arms)、美国无线电公司(RCA)、雷诺兹金属公司、壳牌石油公司(Shell Oil)和联合碳化物公司(Union Carbide)。

并非只有这些公司在使用奥斯本的方法,例如,还有1953年在麻省理工学院(MIT)的教授约翰·阿诺德(John Arnold)的帮助下成立的通用汽车交流火花塞项目(AC Spark Plug division)创意工程部。阿德诺教授参加了第一届"用创意解决问题"研讨会,自己亲自教授头脑风暴的方法和"创意"技术。其中有个练习是要求学生们为来自虚构的IV星球的外星人设计产品,由于外星人不同寻常的生理特征和独特的文化,设计师们需要充分发挥想象力。[23]在该研讨会上,许多激发新想法的方法并存,其很快便成为"创造性思维"或"创造性解决问题"趋势的重心。到了20世纪50年代末,奥斯本的名字几乎成了创造性思维的代名词。正如一位作家所写的:"在奥斯本出现之前,对创造过程感兴趣的主要局限在一小群哲学家、心理学家和数

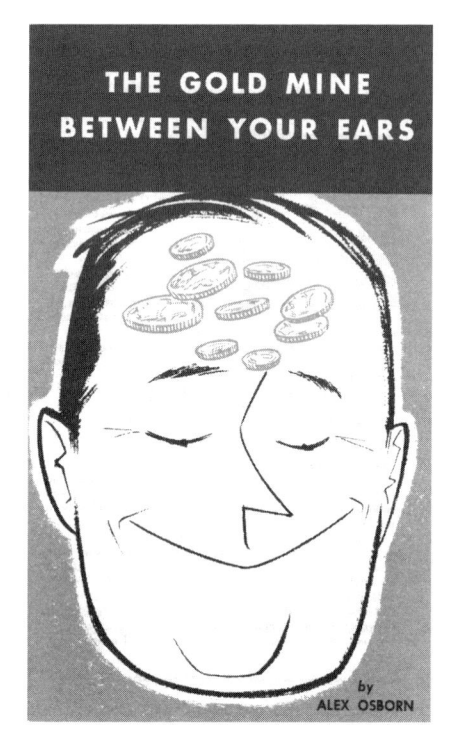

图 2-2　创意教育基金会通过雇主向数十万读者派发的小册子
University at Buffalo, The State University of New York

学家。"而他那些"关于创造力的畅销书激发了大众的想象力",他"在引导人们关注创造性思维这方面做得比任何人都多"。[24]

然而,头脑风暴是否真的有效这一点很快就受到了质疑。

工作中的头脑风暴

1956 年 9 月 13 日,BBDO 的副总裁兼头脑风暴负责人威拉德·普莱瑟纳（Willard Pleuthner）在特拉华州（Delaware）威尔明顿（Delaware）的杜邦公司总部进行了一次"鱼缸演示"（fishbowl demonstration），他称之为"有史以来最大型的高层管理人员集体头脑风暴"。会议的组织者是杜邦公司广告部的维吉尔·辛普森（Virgil Simpson）和詹姆斯·麦考密克（James McCormick）。几个月前，他们也参加了"用创意解决问题"研讨会，之后便在企业内部成立头脑风暴组。成立时除了邀请普莱瑟纳之外，他们还邀请了通用电气、通用食品和其他几家公司的代表参加，其间他们向大家展示了一本新的20页小册子《杜邦的头脑风暴》（*Brainstorming at DuPont*）。头脑风暴组的职责是向杜邦公司的各部门分发小册子并指导其如何创造性地解决问题，更重要的是，他们会根据各部门的一些特定项目召开头脑风暴会议。根据历史学家凯尔·范赫默特（Kyle VanHemert）的说法，任何需要解决问题的部门经理都可以要求一位受过头脑风暴训练的"主席"（chairmen）召集一群厉害的头脑风暴者，预订一个房间，开一次头脑风暴会。[25]

截至1956年10月，这个头脑风暴组已经开展了11次头脑风暴会。6月，纺织部门经理要求召开一个头脑风暴会，就尼龙安全带的销售方案征求意见（尼龙安全带当时在汽车上还不是强制配备的）。这次风暴会上出现了99个创意，包括荧光安全带，可存放信用卡和香烟的方便安全带，以及米老鼠和戴维克罗克特主题的儿童安全带。在另一次的头脑风暴会上，头脑风暴组成员还专门想一个新的名字，以供内部使用。175条建议中囊括了诸如"头脑会议"、"颅骨大会"、"集体思考"、"创意大杂烩"、"思想处理者"和"集思者"等一系列名字，但最终他们决定还是继续沿用"头脑风暴"。[26]

麦考密克在他的记录中写道："在普莱瑟纳到访后，形势有所好转，但到目前为止，我们的头脑风暴工作更像是在种植和培育作物。""我们还没有收获。"1957年3月，希德·帕内斯（Sid Parnes）写信询问杜邦公司是否愿意参加那年夏天的"用创意解决问题"研讨会并分享经验，事情却不太顺利。麦考密克向辛普森透露，"我们可以参与，并在一定程度上讨论我们的工作方式。然而，如果说有什么切实的成果，恐怕不那么理想。我们头脑风暴会的成效是不尽如人意的——偶尔有一些亮点，但总体上没什么可喜的成绩"。辛普森回答帕内斯说，他和麦考密克都遗憾表示不能参加。[27]但他们给普莱瑟纳发了一份简短的头脑风暴成功案例清单（例如，"关于如何宣传一种新的特色产品：152个想法，33个经过筛选的想法，7个已经使用、改进或正在积极考虑的想法"），这比现实情况要乐观一些，普莱瑟纳还在"用创意解决问题"研讨会上展示了这些想法，并将杜邦公司的头脑风暴组吹捧为头脑风暴的伟大成功案例之一。

杜邦公司头脑风暴的主席们很快就意识到，官僚机构内部本应形成的创新体系往往受到官僚主义本身的阻碍。列出数百个想法的清单可能需要几个月的时间传递、梳理、筛选，并报告给各自的部门。即便如此，数量也不能保证质量。正如凯尔·范默特（Kyle VanHemert）所写的那样，"杜邦公司在20世纪50年代头脑风暴会议上严谨的记录很可能是商业史上保存最多的'坏点子'记录"。[28]

2 头脑风暴的诞生

人们开始普遍质疑起头脑风暴。1956 年秋天的头条新闻里就出现了诸如《头脑风暴：治愈还是诅咒？》("Brainstorming: Cure or Curse?")、《头脑风暴——欺骗还是利益？》("Brainstorming—Bunk or Benefit?") 和《为什么头脑风暴不总是有效？》("Why Doesn't Brainstorming Always Work?") 等文章。第二年,《无线电工程师学会学报》(*Proceedings of the Institute of Radio Engineers*) 也发表了一篇题为《头脑风暴的极限》("The Limits of Brainstorming") 的文章。[29] 最要命的是，1958 年 6 月，耶鲁大学教授唐纳德·泰勒（Donald Taylor）发表了第一篇关于头脑风暴的详细科研论文。他比较了四名耶鲁大学本科生集体头脑风暴后的想法和他们单独思考时想法的数量和质量，并强调说"头脑风暴会抑制创造性思维"。[30] 那一年参加"用创意解决问题"研讨会的人数从之前的 500 人下降到 200 人。[31]

这种认知上的反弹既是意识形态上的，也是从实际考虑的。对许多人来说，耶鲁大学的这项研究不仅仅是关于头脑风暴，而是关于集体是否具有创造力的问题。《纽约先驱论坛报》(*New York Herald Tribune*) 刊登了一篇题为《耶鲁研究支持个人》("Yale Study Backs Individual") 的文章，仿佛使创造性思维这个深刻的哲学问题面临极大挑战。[32]《印刷者》(*Printers' Ink*) 的一位评论作家坚持认为，"集体创造不了东西，个体才能创造东西"，头脑风暴会议"往往是肤浅和机械的，因为它使个人服从于集体"。[33] 事实上，威廉·怀特（William Whyte）在《组织者》(*The Organization Man*) 一书中写道，社会伦理中最"被误导"的信念是"创造性工作"可以由"集体"完成，尽管他没有提到头脑风暴的名字,但他脑子里大概已经浮现了这几个字。"人们很少在群体中思考,"他写道,"他们在一起可以交谈,互通信息,做出裁决和妥协。但他们在一起时不会思考,也没法创造。"[34]

头脑风暴的诞生领域——广告界——对其提出了一些最严厉的批评。BBDO 的竞争对手奥美公司(Ogilvy and Mather)的首席执行官大卫·奥格威称,头脑风暴是"不务正业的懒人的乐趣,他们宁愿在会议上浪费一天的时间,也不愿关上门做正儿八经的工作"。[35] 1958 年,在纽约华尔道夫酒店(Waldorf Astoria)举行的一次创意会议对头脑风暴进行了特别严厉的指责。"只有个人才会有想法。头脑风暴到此为止",厄普约翰公司(Upjohn Corporation)的 W. 约翰·厄普(W. John Upjohn)说。斯坦福研究所(Stanford Research Institute)负责人 E. 芬利·卡特(E. Finley Carter)对这种"噱头""直接表示怀疑"。卡尔金斯和霍尔顿机构(Calkins & Holden Agency)的组织者、主持人、总裁兼创意总监保罗·史密斯(Paul Smith)明确提到了耶鲁大学的这项研究,他把头脑风暴称作"各种各样的'群体想法'……不了解或者根本不懂什么是创意"。就连奥斯本一直吹捧的交流火花塞创意项目负责人沃尔特·J. 弗里斯(Walter J. Friess)也急忙指出,头脑风暴只是他公司采用的几种方法之一,他坚持认为,尽管"一些机构认为头脑风暴和创造力是同义词",但"必须超越头脑风暴"才能获得真正的创造性成果。[36]

最持反对意见的是设计师索尔·巴斯(Saul Bass),他以在《西北偏北》(*North by Northwest*)、《金臂人》(*The Man with the*

Golden Arm）等电影中设计动画标题和无数电影海报及企业标志而闻名。巴斯同意熊彼得－怀特（Schumpeter-Whyte）的看法，也同意奥斯本的观点，即在追求大规模生产工业效率的过程中，确实"培育"出了"维持该体系活力所必需的"东西——创造力。[37]但巴斯认为，头脑风暴是一种假冒的创造力。"头脑风暴的主要负面影响不在于其是否产生了更多或更少的想法……而在于……事实上，它扭曲了整个创造过程，将其零碎化，这些想法就像通过流水线上生产出来的。"创造力应该是一个完整的过程"，巴斯的观点呼应了心理学家卡尔·罗杰斯（Carl Rogers）的想法。罗杰斯在1954年发表了一篇关于创造力的有影响力的论文，而巴斯在演讲中也引用了罗杰斯论文的部分内容，他说："创造力不能只存在于一群人的讨论中，它也不可能只在每周四下午的固定讨论会上出现（如同水龙头中的水一样说来就来，说关就关）。它不会在每天朝九晚五的工作中突然闪现，就算在其他时段也不一定会有。"头脑风暴需要团队成员的坚持，这就是问题的症结。巴斯说："在思想史上，没有一个重大的成就来自一群人。""伟大的理论或观点……确立今天基调的新哲学，这些都是一个脑袋想出来的。"头脑风暴根本就是闹着玩的，"只有在创造小玩意或涉及视觉和语言等产物时才有用"。[38]

威拉德·普莱瑟纳在"用创意解决问题"研讨会上要求发言。他"在前排座位上如坐针毡"了两天，因为一个接一个的发言者诋毁着他的作品。他挥舞着一份创意教育基金会的报告，上面写满了各行各业数百个头脑风暴的成功案例。他坚持认为，头脑风暴远不像巴斯所说的那样是"噱头、小儿科并且扭曲了创造过程"。他说，耶鲁大学的研究报告以及任何运用头脑风暴失败的企业，都没有准确遵循BBDO近20年来制定的头脑风暴议程（例如，头脑风暴会议是30分钟到1小时，而泰勒博士只给了学生们12分钟的时间）。普莱瑟纳补充道，不管怎么说，奥斯本只是声称头脑风暴是一种"额外的方式"。普莱瑟纳提出给巴斯和其他任何人寄相关材料以澄清事实。[39]

然而，巴斯站在讲台上不以为然，还有点儿生气。他对普莱瑟纳说，"我有一份高水平的头脑风暴文件"，其中就包括那份受到吹嘘的成功案例，他拿在手里质问，"这是什么，来自创意教育基金会的报告，还是什么？"巴斯重申，头脑风暴的问题不在于方法本身，而在于它似乎"代替了创造力本身"。"我们得明白，要获得我们所需要的那种根本意义上的创造力、兴奋感和活力，这种方法是多么微不足道和肤浅"，他恳切地说道。当然，他们的产业依赖"扭曲、噱头和小玩意……而我们需要更多的东西。这些只是泡沫"。[40] 为了让巴斯提出一些实用的建议，一位参会者问道："那我们到哪里去找一种直观的技术或方法来产生真正意义上的创造力呢？"巴斯只是简单地、多少有些无益地重复了一句："我们到哪里去寻找创造力？在每个人身上吧。我只能说这些了。"史密斯主席可能感觉到发言者已经没法再自圆其说了，便迅速结束了讨论。

这一尴尬的交流表明，在关于个人主义和企业的全国性话题中，头脑风暴是如何成为众矢之的的。它还揭示了创造力自相矛盾的概念。对巴斯来说，真正的创造力不单只是一个想法，更是一个伟大的想法，它有时可能会出现在某个广告或产品中，但的

图2-3 兰德公司（RAND corporation）在加州圣莫尼卡（Santa Monica, California）的头脑风暴会议。头脑风暴者被鼓励采取放松的姿势，而助手（在楼梯上）记录下他们的想法。

Leonard McCombe/The LIFE Picture Collection/Shutterstock.

确有一种至高的思想。对于普莱瑟纳、奥斯本和其他头脑风暴的倡导者来说，他们坚持认为头脑风暴不仅适用于小玩意的创造，也适用于解决日常问题和制造小工具，而巴斯也承认它适用于这些方面。那么，他们的分歧在于，除了头脑风暴是否"有用"之外——与学术界正在讨论的标准问题类似——什么才是真正的创造力。

几乎能解决所有人类问题的方法

事实上，奥斯本相信任何问题都可以通过深思熟虑的创造性努力来解决，他最热切的愿望是他的方法能被商界以外的人所接受。他早期的作品经常关注个人问题。比如给在军队里的爱人写信："与其百无聊赖，为何不心向光明呢？"（Instead of dashing off all that dullness, why not try to think up something brighter?）或者维持兄弟姐妹之间的关系："如果方法得当，我们就能避免混乱。"（We could ward off this bedlam if we could think up the right idea.）随着离婚率的飙升，奥斯本想知道有多少夫妇"有意识地运用想象力来避免婚姻触礁"（consciously applied *imagination* in search of ways to avoid the rocks）。[41] 随着创意运动的兴起，他变得更加雄心勃勃。在第二届"用创意解决问题"研讨会上，奥斯本向一群企业高管和军方高层高谈阔论：

> 直到最近人们才意识到想象力（imagination）是解决几乎所有问题的关键……如果更富有创造力，我们就能更好地与自己和他人相处，为社会提供更好的商品和服务——从而使生活水平越来越高，我们甚至可以找到一种让世界永久和平的方法。[42]

事实上，奥斯本经常声称，创造性思维可以解决城市"种族骚乱"（race riots）或古巴导弹危机（Cuban Missile Crisis）等政治僵局。当他称冷战为"思想之战"时，他并不是指意识形态的冲突，而是指有计划的军备竞赛。他说，美国应该"为创意产出做好准备"，并建议成立一个秘密的政治头脑风暴小组，以碰撞出打败苏联的想法（他指出，与武器研制的经费相比，这些想法的成本"微不足道"）。[43]至于收获人心，他说，"为什么不在国会成立一个创意人才小组……用更多更新的方法来赢得世界其他国家的友谊？"[44]对奥斯本来说，每一个问题的产生都是因为缺乏想象力。

奥斯本的最终目标，是将创造性思维引入美国的学校，事实上这也是创意教育基金会的使命所在。"几乎每个校园都有一个法语、西班牙语，甚至德语俱乐部。为什么不成立一个创意俱乐部呢？"他写道。[45]奥斯本认为，每所学校都应该开设创造性思维课程，将创造性思维技巧纳入标准学科。他的设想不亚于对美国教育进行全面改革——用他半开玩笑的话说，给全体学生"灌输创造力"。[46]

到1957年，奥斯本高兴地说道，由于创意教育基金会的努力，估计有2000个班级以某种形式教授了《应用想象力》的基本理论，以及较多的独立的创造性思维课程。康奈尔大学和玛卡莱斯特学院（Macalester College）都将头脑风暴训练作为新生入学培训的一部分，而奥斯本任董事会成员的韦伯学院（Webber College）要求所有学生在学习创造性解决问题的独立课程之前，先购买并阅读《应用想象力》。涉及创造性思维的课程范围从畜牧业到法律再到武器系统，并且其在军事院校和后备军官训练队（到1960年，估计有37000名空军成员参加了创造性思维课程）中被广泛采用，但开设此类课程最多的是商业和技术学校，特别是市场营销和工程专业。[47]

然而，奥斯本对教育改革的"蜗牛式"进步感到很沮丧，尤其是在文科方面,"大多数教授仍然拒绝我们的课程",坚持认为他们已经教授了创造性思维方法。[48]（奥斯本却不以为然,他委派一位同事调研大学哲学和心理学教材,结果根本没看到"创造性想象力"方面的内容。）奥斯本的沮丧可能来自创造性思维的"竞品"——固执的教授们心中坚持的是我们现在所说的批判性思维,即通过阅读并探讨伟大的艺术、文学和科学作品打开学生的思维,并为他们独立发表见解奠定基础。与高等教育的其他途径——技术教育、职业教育或古典教育——相比,文科教育在支持者看来其本身就是典型的"创造性教育"。[49]

相比之下,奥斯本称,在这些文科教授看来,刻意的创造性思维方法似乎"沾染了职业主义气息"（tainted with vocationalism）。奥斯本欣然承认自己就是很务实。"虽然我是一名文科生,"他写道,"但我不够聪明,不能理解为什么教授一种能帮助学生在职业生涯中做得更好的思维方式是错误的。"[50]奥斯本对自己理性的、以结果为导向的方法感到自豪,他认为这种方法与学术心理学家和一般的专家们过于刻意的风格有明显不同。他的口头禅（据说出自爱因斯坦,但谁知道呢）是"想象力比知识更重要",他把这句话印在了创意教育基金会的信头上。他对国家在研发上的巨额新投入表示欣喜,但坚持认为,如果没有"深思熟虑的创造性努力"——他的意思是,本质上是头脑风暴——科学家们将无法充分利用它。他对"国家刚开始全力支持,却又在需要运用创造性思维时显得草率敷衍的态度"表示不满。他那本如同创造性思维"圣经"的书《应用想象力》的标题显然是对"应用科学"一词的即兴模仿,后来被用来区分工业研究（以及越来越多的冷战学术研究）与"初级"或"基础"科学。在选择这个词时，奥斯本清楚地表明，想法是指向结果的，就像他所做的一切一样。奥斯本在职业生涯的后半段竭力说服教育工作者，让他们相信，每个美国孩子都需要接受他在麦迪逊大道实践出来的、由工业造就的创造性思维方法的训练，这也反映了他的一种世界观，即商业就是或者应该是社会自身的典范。

这种反智主义与战后美国爆发的一场更大的文化战争相呼应，这场战争发生在左翼知识分子自由派（liberal and leftist intellectuals）与新兴的商业和民粹主义社会保守派（business and populist social conservatives）之间，后者将前者描述为"书呆子"或"爱钻牛角尖"——缺乏常识和同情心并且软弱无力。负责新政（New Deal order）的教授、技术官僚和"社会工程师"往往是社会的建构主义者和文化相对论者，他们主张政府可以干预从种族隔离到消费者保护等一系列的问题。奥斯本倾向于用个人的方式来改善社会，并认为占统治地位的"研究"技术官僚守旧而无能。[51]

奥斯本对"想法"的最高信仰，尤其是那些可以写在建议卡或秘书笔记本上的想法，常常变成一种肤浅的问题解决主义。以1956年第二届"用创意解决问题"研讨会上的头脑风暴演示为例，该风暴会旨在解决青少年犯罪的问题。在24分钟内，一个由15人组成的小组（13名男性，2名女性，几乎都是商界人士，而且都是中年人）提出了125个想法。经由小组成员商讨决定，其中最好的点子包括举行作文比赛、去教堂服务和加入俱乐部，以及设立创意思维班,让年轻人多为社区做贡献,等等。

青少年犯罪在当时是一个全国激烈讨论的话题,数百名社会工作者、心理学家、社会学家和其他相关人士都参与其中,而讨论最大的分歧在于青少年犯罪的原因到底是道德的还是社会的,是心理的还是经济的,或者青少年犯罪是否是一个问题。[52] 头脑风暴的方法是假设还没有好的解决方案应对青少年犯罪。然而,"怎样才能使青少年对犯罪感到羞愧,并对遵纪守法感到敬畏?"这种提法从一开始就限制了答案。如果问题没有出在年轻人法律意识淡薄上,那就没法解决这个问题了。

当然,可能性选项的减少是头脑风暴的结构性元素。无论是对问题最初的看法还是最终的解决方案通常都是由高层决定的。头脑风暴并不是为了产生真正革新性的想法;相反,它体现了哲学家和文学学者米哈伊尔·巴赫金(Mikhail Bakhtin)所说的嘉年华狂欢(the carnivalesque),在这种集体场合下,传统秩序暂时停止,底层人可以趁机发泄一下他们日常的不满。在头脑风暴会议上,人们可以在一个小时左右的时间里肆意发挥,畅所欲言,然后再恢复正常的工作秩序。这体现了一种改革性的管理理念,它确保了混乱、个人主义、非理性、娱乐性和不敬可以在最不会失控的场合下得以发挥,而且与其批评者意见相反,资本主义企业并非一来就敌视这些基本的、可敬的个人能量。[53]

尽管头脑风暴在工业界受到攻击,在文科教育领域遇到阻碍,但奥斯本仍试图让创造力研究进军学术界,他希望这可以使他的观点合法化并扩大影响力。1956 年,他聘请西德尼·J. 帕尼斯担任布法罗大学工商管理学院零售专业助理教授,同时担任布法罗大学扩展项目创意教育主任。（奥斯本当时是布法罗大学董事会副主席。）帕尼斯是一个拥有组织心理学学位的年轻人，他参加了1955年的第一届"用创意解决问题"研讨会，并在意识到自己的人生使命后，于次年再次参加该会议并担任主持人。在他新的学术职位上，帕尼斯也可以教授和演示奥斯本的方法。1955年，创意教育基金会委托巴纳德学院（Barnard College）的一位心理学教授研究《应用想象力》中的方法，虽然研究结果没有下定论，但其认为奥斯本的"延迟判断"（deferred judgment）理论与发散性思维和模糊容忍（tolerance of ambiguity）的学术理论有一定的联系。[54] 这当然是令人振奋的，而当更为负面（也更可信）的耶鲁大学研究结果出炉时，帕尼斯在1959年至1961年发表了一系列文章予以反驳，全面支持奥斯本的方法。他指出，研究发现，受过头脑风暴训练的学生在随后的头脑风暴会议中表现非常突出。[55] 帕尼斯也在积极争取研究经费，1963年，他从美国教育办公室（US Office of Education）获得了一笔为期两年的4.6万美元拨款，用于研究创造性思维教育的成效。尽管研究仍然模糊不清，奥斯本还是相信了这一点，他吹捧帕尼斯的研究，并一有机会就宣称，其已经确凿地"证明了创造能力是可以一步步培养的，并且可量化"。[56]

然而，主流的创造力研究者对此持保守意见。耶鲁大学的研究对这些方法的有效性提出了严重的质疑。在更基本的层面上，研究人员认为，奥斯本和帕尼斯所说的那种创造力，与他们心目中的创造力相比，微不足道。如果"创造力"指的是比头脑风暴能力范围更大的概念，那么人们在头脑风暴练习中可以提高的是头脑风暴能力，这不等同于培养了创造力。许多研究人员认为头脑风暴提倡的发散性思维不能涵盖创造力的全部含义，但奥斯本和帕尼斯却四处谈论，好像这两个东西是一回事似的。

有学者批评奥斯本过于急切和简单化，而他自己又对科学研究过于谨慎感到失望，将其归咎于不必要的复杂性。有一次，他提出休战，建议由创意教育基金会向大众教授"一种经过深思熟虑而设计出的创造力的算式"，"让他们深入了解我们所说的算法"。[57]的确，奥斯本和那些有资历的科学家追求的目标不同：奥斯本试图提高"每一个普通人，比如汤姆、迪克或哈丽特"的创造才能，而大多数心理学家更感兴趣的是如何识别那些伟大的、天生的创造性人才。

但也许奥斯本是对的：头脑风暴似乎与吉尔福特和其他人研究的创造力测试的核心——"发散思维"非常相似。事实上，如果创造力的这一点是可变的——当然这仍然是一个"如果"——那么也许就找到了通过培训提高创造力的方法，这显然会产生巨大的社会效益，也是创造力研究的重大突破。1959年，卡尔文·泰勒让帕尼斯在犹他会议上负责一个新的小组，研究创造能力的"发展"。同年，教育心理学家 E. 保罗·托伦斯（E. Paul Torrance）也加入了这个项目，他认为奥斯本对他在学校中教授创造力的使命产生了影响。这些新面孔标志着该领域在成立后的10年里，逐渐地接受了奥斯本的信念，即创造能力是可以学习的。

随着时间的推移，布法罗大学的"应用创造力"学派与创造力研究的联系越来越紧密。1963年前后,新成立的纽约州立大学布法罗分校(SUNY Buffalo)聘请加里·库利(Gary Cooley)——他曾是卡尔文·泰勒的研究助理——为"创造性教育"的全职研究助理,与帕尼斯一起研究。[58]与此同时,泰勒从1962年起开始在犹他大学举办类似"用创意解决问题"研讨会的暑期创意研讨会,使用的就是创意教育基金会的《创造性思维资料》(*Sourcebook for Creative Thinking*)。这是一本由帕尼斯编辑的纲要,其中吉尔福特、巴伦、泰勒、托伦斯和亚伯拉罕·马斯洛的研究与奥斯本、约翰·E. 阿诺德和威廉·J. J. 戈登(William J. J. Gordon)[头脑风暴的同类竞争对手"集思广益"(Synectics)的创始人]的案例紧密结合在一起。在接下来的几十年里,布法罗大学一直是创意研究界的庇佑所和支柱,即使在20世纪70年代其学术研究开始萎缩之后也是如此。吉尔福特、麦金农、巴伦和托伦斯都是"用创意解决问题"研讨会的常客,并都是创意教育基金会的董事会成员,有些人为此奉献一生,并获得终身成就奖和其他荣誉。1967年,也就是77岁的奥斯本去世后的第二年,吉尔福特——奥斯本曾称赞其"敲响了这场运动的警钟",其研究"为创造性教育运动赋予了新的真理"——写了一本回顾这一领域的书,在书中,他衷心地感谢奥斯本和帕尼斯为更广泛理解创造力所做的贡献,并指出"创造性教育"对"解决人类最严重问题"至关重要。[59]

: : :

尽管奥斯本的思想受到了媒体的关注,也在工业界迅速传播，对象牙塔的渗透也算令人鼓舞，但其推行的"创造力运动"进行了10年之后，他还是觉得没有达到变革的预期效果。他对军方和工业界率先采用他的方法并不感到惊讶，但他遗憾地说，在解决"人的问题"时，"根本没有做出创新性努力，更无法与为改进工业产品所投入的科研力度相比"。[60]

奥斯本坚信他的理念可以改变世界。他的想法就是产生更多的想法，很多很多，从每一个普通的汤姆、迪克和哈丽特那里迸发出来。虽然创造性思维方法最终在工业领域被运用得最多，但奥斯本声称，他的创造性思维本质上不仅仅是一种职业技能，而这一点才是能引起共鸣的关键。这不仅赋予了他毕生的工作更大的社会意义，还让数十万接受过创造性思维培训或参加过头脑风暴会的员工感到，他们正在成为某种变革的积极推动者。与此同时，对于管理者来说，创造性思维似乎是一种绕过熊彼特困境（Schumpeterian dilemma，企业雇佣制阻碍新思想的流动）的方法。

与此同时，接下来还有另一种看待创造力的方式——它不仅是一种技能，一种可以随时开始或暂停的程序，甚至不仅仅是一种思维方式，它还是一种基本的生命力量。持这种观点的人（我们接下来将谈到他们）在谈论创造力时有一套非常不同的视角，这种视角与奥斯本所推行的"创造力运动"产生了冲突，但又在其他方面对其进行了补充。

作为自我实现的创造力

3

1952年,心理学家卡尔·罗杰斯从锡拉丘兹(Syracuse)的一个关于创造力的学术会议回来后,写下了《走向创造力理论》("Toward a Theory of Creativity")。

> 创造力的源泉似乎是……人们越来越倾向于自我价值实现,充分发挥自身的潜能。我指的是在所有生命体中一种显而易见的生长趋势——一种不断向外扩张、延伸、发展和成熟的冲动——表达和激活自身所有能力的倾向。这种倾向可能会深深埋在一层又一层的心理防御之下;可能隐藏在精心设计的伪装背后;然而,我相信……它存在于每一个人身上,只等待适当的时机来释放和表达。[1]

这种看待创造力的角度与当时大多数其他研究者非常不同。吉尔福特和泰勒等心理测量学家主要将创造力视为一种智力能力,而罗杰斯则将其视为一种更为广泛的东西,即人性最充分的表达。这种观点反映了罗杰斯作为精神分析学家的特殊学科背景,他的兴趣不是对人群进行分类,而是帮助个人获得幸福感和满足感,这也反映了他最初关注创造力的独特动机。罗杰斯指出"人才"短缺的问题,即"技术人员虽然充足"但具有创新性的思想家缺少,而且相比落后于苏联人,更让罗杰斯担忧的是技术革新的速度。他写道:"在科学知识——无论是建设性的还是破坏性的——以最难以置信的速度发展到奇妙的原子时代时,真正意义上的创新似乎代表了人类紧跟世界变化步伐的唯一可行性。"这种社会与文化上的而不是技术上的适应是唯一能拯救我们的东西。"国际性毁灭是我们缺乏创造力而付出的代价。"[2] 罗杰斯还担心福特主义秩序(Fordist order)对个人成就感的影响。"创造性的工作"被上层人士拥有,大众却在"被动""死板"的工作任务中打发时间,非常无聊。工业社会产生了一种"从众的倾向",在这种倾向中,"特立独行或与众不同"被认为是'危险的'"。他觉得,这远比军事和经济问题更令人担忧。

尽管罗杰斯的观点有些独特,但他在 1954 年发表的文章很快成为创造力文学和人本主义心理学运动的经典之作。正如罗杰斯所评论的,人本主义心理学家虽然质疑现代社会,但也对后唯物主义时代人类经济繁荣的潜力持乐观态度。他们认为,传统心理学家过于关注功能性障碍,关心如何使人正常,认为这才是大众接受的。因此,人本主义心理学家则将注意力转向了整个人类的繁荣和个性化表达。[3] 三位该运动的主要倡导者罗杰斯、亚伯拉罕·马斯洛和罗洛·梅（Rollo May）立即将其影响扩大到创造力研究领域，并不断被当今的相关研究文献所广泛引用，从教育到管理到精神健康再到自我救赎。[4]虽然创造力最初的研究动力是源于对军事工业的关注，但这些人本主义心理学先驱对创造力概念的兴趣，以及对更广泛的学术话语的影响，表明创造力已成为战后心理学的一个重要话题，且不仅仅出于功利的原因。事实上，创造力是比发明更浪漫的东西，是由这个领域和整个社会的相互作用而产生的，它让人们觉得社会体制正在扼杀人类感性活动或者艺术，也就是那些被视为"人性"的东西。人本主义心理学家的许多著作最初都明确地对早期创造力研究提出了挑战，指责其过于简化、功利，甚至性别歧视。从他们所传达的信息中可以看到，创造力和自我价值实现是紧密联系在一起的，因此把它看作一种可量化的资源是很愚蠢的。这在某种程度上通过矛盾赞许了该领域研究的技术性倾向。

马斯洛反对创造力

1957年4月26日，亚伯拉罕·马斯洛在弗吉尼亚州贝尔沃堡（Fort Belvoir）的美国陆军工程学校（the US Army Engineer School）发表了题为《创造力的情感障碍》（"Emotional Blocks to Creativity"）的演讲。一年前，该机构领导人或许认为马斯洛提供了不同的视角，让150名工程师参加了创意教育基金会举办的头脑风暴培训。马斯洛首先表示在这么多人面前讲话使他很

"不安",他说:"在过去的几年里,我总是被一些我完全不了解的大企业或美国陆军工程学校这样的组织邀请,这使我很惊讶。"事实上,马斯洛当时还不是人们耳熟能详的管理思想家,他也没有关于如何识别有创造力的工程师的方法或提高创新速度的确凿数据。相反,他带来的是关于创造力的精神分析,一种浪漫的想法。他特别指出,他要说的话可能对部分听众来说毫无用处,因为有创造力的人"恰恰是那些在集体中制造麻烦的人"。[5]

这种另类的姿态是典型的马斯洛式的;他经常把自己称作犹他会议上那种以技术为导向的创造力论调的反对者,他认为这种论调完全是一种功利主义眼光,使创造力工具化和武器化了。他的论调当然也招致讨厌。他想做的是使美国更"人性化",因此他取笑陆军工兵,拿专业心理学开涮,因为他(和许多其他人一样)认为心理学太过理性了。

尽管马斯洛被后来的一位追随者称为"创造力之父",但他最初对人们如何产生想法却并不特别感兴趣。[6] 不过他对优秀的人倒是很好奇,从这点来看,他和其他创造力研究人员非常合拍。与他们一样,他也认为心理学在某种程度上没有探究人类大脑的潜力,而只是在关注其功能性障碍和疾病。他在1950年发表了一篇具有里程碑意义的文章《人的自我实现:心理健康研究》("Self-Actualizing People: A Study in Psychological Health"),研究了亚伯拉罕·林肯、阿尔伯特·爱因斯坦、埃莉诺·罗斯福、简·亚当斯和巴鲁克·斯宾诺莎等人物。这与人格评估与研究中心研讨会上对杰出人士的研究大同小异,甚至更符合高尔顿的天才伟人学说。早期的心理学家尝试给这些人物的逝后智商打分,而马斯洛尝试将他们置于虚拟分析师的沙发上,探究他们最深层的心理过程和个性,以挖掘他们取得非凡成就的秘密。对马斯洛来说,这些人的成就证明了他们精神世界的富裕。

当马斯洛第一次开始写关于创造力(creativity)——或者他倾向于称为"创造性"(creativeness)的文章时,有时通过私下回应吉尔福特和其他人的研究,有时通过向陆军工程师发表演讲获得灵感。他的点不在于去理解创造力的可能性,而在于解释心理学家和那些有技术头脑的出资人是如何相信创造力的。1952年,他在给自己的一份笔记中写道:"我强烈地感觉到,工业界一直在寻找一种开启人类创造力的秘密按钮,如同开关一样。""我估计很快就会有人问'这个开关在哪儿,要不要尝试植入某个装置来启动它'。"他发现,研究创造力的主流方法是"原子式的"(atomistic),这就将其简化成了某种特定的认知过程。在1966年的第七届犹他会议上,马斯洛直接攻击了这一研究领域,声称尽管"不断积累了研究方法、拥有了巧妙的测试技术和大量的信息",但在真正认识创造力上并没有取得哪怕一点点的进步。[7]马斯洛否认了创造性成就可以用发散性思维等认知能力来解释。受格式塔心理学(Gestalt psychology)的启发[马克斯·韦特海默(Max Wertheimer)曾是马斯洛的导师],他认为全面地理解"人"是最必要的。马斯洛敦促犹他会议的与会者们采取一种更"整体的、有机的或系统的"方法,他说:"创造往往是一个人完整的行为,并不是简单地像涂一层油漆那样。"[8] 马斯洛认为，社会不应该寻找所谓的"秘密开关"来激发潜在的创造力，而应该努力创造"一种更好的人……一种更有创造力的人"。[9] 马斯洛写道："一般的创造力源于个人整体意义上的改善。""一个更完整、更健康的人会在行为、体验、感知、沟通、教学、工作等各方面产生并迸发出数十种、数百种甚至数百万种不同的灵感，这些就是'创造力'。"

对马斯洛来说，吉尔福特等人的研究方法完美体现了心理学的狭隘和功利主义。1954年，马斯洛称心理学研究领域"常常在有限的词汇和概念的指导下，用有限的方法和技术追求有限或琐碎的目标"。[10] 马斯洛最初被训练成一名行为主义者（behaviorist），研究猴子的性行为，还撰写了一篇关于"猴子语言表达能力的学习、记忆和复制"（learning, retention, and reproduction of verbal material）的博士论文。但就像二战后的许多心理学家一样，马斯洛也认为行为主义是狭隘的，并试图开辟一个"更大的心理学研究范畴"，以解释精神层面更深层次意义上的哲学问题。他还希望心理学研究不仅是描述性的，更应是启发性的，是日常生活中人们可以用来发现意义和改善自己的东西。[11]

因此，马斯洛把目光投向了弗洛伊德学说（Freudianism）。行为主义者曾试图将弗洛伊德学说从"经验主义"（empirical）的社会科学中驱逐出去，但其在战后得到了复兴，因为它似乎为人性中所有纠结和非理性的经历提供了更详尽的阐释。当精神分析学家开始为战后美国大兵和重归家庭生活的主妇们提供咨询以帮助其适应令人困惑的现代社会时，大多数战后的新弗洛伊德派学者，包括人本主义心理学家，采取了一种更为激进的方式。他们突然对大众社会产生了强烈的警惕性，比起让人适应潜在的病态社会规则，他们更感兴趣的是帮助人们抵御社会压力。弗洛伊德学说传统上关注功能性障碍，而马斯洛和罗杰斯等人本主义心理学家却认为，是时候把注意力转向"积极"的一面了，比如快乐、繁荣和创造性的成就。他们这样做颠覆了资产阶级关于心理健康的旧观念。质疑那些与人相处有关的特征，同时撕下了曾被看作"兽性"或"邪恶"的"黑"标签。[12]

这就是马斯洛给陆军士兵传递的信息背后的指导精神。根据他自己对自我价值实现的研究，以及最近人格评估与研究中心研讨会对创造性人格的研究，马斯洛说，有创造力的人是"非常规的""有点奇怪"。那些缺乏创造力的同事常常认为他们"不切实际""散漫""不科学"，甚至"幼稚"、"不负责任"或"疯狂"。有创造力的人是"能与自己的潜意识、孩子气、幻梦、空想、女性气质、诗意、疯狂品质等和谐共生的人……"。另外，缺乏创造力的人"非常有秩序、整洁、准时、有条理、有控制欲"。他们是"优秀的记录员"。他们"死板又紧绷"，"害怕情感深处最本能的冲动，会拼命压抑那个最深处的自我"。[13]

马斯洛任性地决定在贝尔沃堡宣扬这些价值观。工程师们身上所具备的理性、守时、坚忍和可靠大多来自他们的父亲、童子军训练、励志书籍或工程学校。但这些仅仅是向技术专业转型的基础。这些工程师和白领也不断被他们的上级灌输只有在工作中培养创造力，才能获得更好的职业发展，才好与共产主义竞争。而现在马斯洛却告诉他们，他们首先需要做的是成为完整、真实和健康的人。

反对"疯狂的天才"理论

心理学家们相信创造力是属于天才的，他们也用其诠释了"疯狂的天才"这个自古就难阐释的词。19世纪早期的浪漫主义者认为天才既是一种天赋也是一种痛苦，许多年轻人被远超于他们时代的思想所折磨，与社会脱节，陷入疯狂。早期的心理科学几乎都持有这种观念。19世纪的法国精神病学家雅克·约瑟夫·莫罗（Jacques Joseph Moreau）声称，天才是一种遗传病，他将"对工作的痴迷和狂热"视为一种病态，而他的意大利追随者切萨雷·隆布罗索（Cesare Lombroso，被揭穿的颅骨测量学之父）发现，天才是一种"退化的"现象，他们往往身体虚弱矮小，面色苍白无力。从苏格拉底到帕斯卡（Pascal）这些大量存在的"病例"中可以看到，他们每个人都被诊断出患有各种各样的心理疾病。[14] 到了20世纪，因为高尔顿的理论，这种认知有所下降。但因为弗洛伊德的观点，大众还是认为艺术家（而不是科学家）的创作动机就是人类性欲高尚化的表达，而很大程度上许多极富争议的现代艺术家几乎都患有标志性的精神抑郁、吸毒和有怪癖。

许多战后的创造力研究者想要消除这样的认知，其中以弗兰克·巴伦为首。在人格评估与研究中心成立的1950年，刚获得人格心理学博士学位（PhD in personality psychology）的巴伦加入了唐纳德·麦金农的行列，并很快成为创造力研究领域一颗冉冉升起的新星。1955年，作为第一届犹他会议上的人格评估与研究中心大使，巴伦发表了一篇关于空军上尉"独创性倾向"的实证论文［在论文中，除了性格测试外，他还使用了吉尔福特的新创造能量理论（new creativity battery）］，此后他成了会议的组织者（并与卡尔文·泰勒共同编辑了会议记录）。与此同时，在加州大学圣克鲁斯分校（UC Santa Cruz）的教职员工中，巴伦成为迷幻药物研究（psychedelic drug research）的早期先驱（与他的研究生院同学蒂莫西·利里一起），也是大苏尔埃萨伦研究所（Esalen Institute in Big Sur）的创始董事会成员，在那里马斯洛、罗杰斯等以与新时代和反主流文化的人交往而闻名。[15] 在这些融合的过程中，巴伦逐渐把自己定位为一名人本主义心理学家，他认为心理学可以像艺术和诗歌一样，是一门"致力于颂扬人类精神的神圣学科"。[16] 在1963年出版的《创造力与心理健康》（*Creativity and Psychological Health*）一书中，巴伦解释了他的信念："心理学应该关注人性积极的一面，关注人类非同寻常的活力，而不是疾病。"[17]

巴伦的主要观点之一是，有创造力的人并不像他们的刻板印象所暗示的那样疯狂。通过对著名作家、数学家和建筑师的深入评估，他和麦金农共同报告说，"有创造力的人很少符合外行人眼中那种刻板印象。在我们的经验中，他们不是那种情绪反复、马虎、松散的波希米亚人"，而是"深思熟虑、内敛、勤奋和缜密"的人［麦金农开玩笑地称之为"职场感的创造力"（the briefcase syndrome of creativity）］。[18] 有创造力的人在自信、独立、好奇心和职业道德的测试中得分很高。[19] 他们的高度自信不是一种盲目的傲慢,他们有完全客观且"诚实的自我评估"能力。有创造力的人在"自我力量"测试方面得分也很高,但仍然能感受到他们非理性和受制于情欲的一面,可这些在没什么创造力的人身上更有可能表现为奇怪的、享乐主义式的毁灭性行为。巴伦和麦金农借用了与他们同时期的大卫·里斯曼的话,将有创造力的人描述为受"内在自我驱动"但又不以自我为中心的人——这一点在那个习惯于受"他人导向"的时代是罕见的存在。正如巴伦所说,有创造力的人"比普通人更原始,更有破坏性,也更有教养,更有建设性,更疯狂,也更理智"。[20]

研究人员认为,如果天才被定义为一种"过度",那么创造力则是使其平衡的产物。建筑师平衡自身与客户意愿的技巧,作家以对读者有意义的方式发挥其写作的能力,数学家证明客观真理的想象力,都源于这种理性与非理性、本我与自我之间的平衡。真正有创造力的人知道如何将他们丰富的想象力转化为对社会有益的工作。因此,狂躁、不稳定、难以捉摸的浪漫主义天才形象被不那么麻烦的"有创造力的人"所取代,正如罗洛·梅所写的那样,"创造过程"开始被视为"代表最高程度的健康情绪,是正常人实现自我的表达,而不再是心理疾病的产物"。

"自我实现"(self-actualization 或 self-realization)的概念是人本主义心理学家将创造性行为与心理健康联系起来的枢纽。根据德国心理学家库尔特·戈尔茨坦(Kurt Goldstein)的说法,自我实现(马斯洛从他那里借用了这个概念)是一种充分发挥个人潜力的基本夙愿。这个概念融合了 20 世纪西方理论的各种流派的说法：荣格认为，每个人都自发地努力"个性化"；萨特的存在主义哲学认为人类是自己生活的艺术家；亨利·柏格森（Henri Bergson）的"创造性进化"（creative evolution）概念中也提到一种驱动每个有机体发展变化的原始生命力量。像巴伦这样的创造力理论家在此基础上更进一步将艺术家、建筑师和工程师等人的外在创造力与人类的基本驱动力联系起来。巴伦宣称，驱动整个人类社会前进的不是弗洛伊德所说的"性冲动"，也不是生物繁殖，而是"创造力"，一种具有象征意义的创造，这是"人类特有的能量，是生命世界中能量的胜利形式"。[21]

到 1963 年，马斯洛指出："我的感觉是，创造力的概念似乎与健康的、自我实现的、完整的人的概念越来越接近，也许最终会变成同一种东西。"这或许是一种自我实现的预言。在这两个概念还处于萌芽阶段的时候，马斯洛、罗杰斯、梅、巴伦和其他一些人把创造性与自我实现融为一体，使对真实自我的追求和对外在新奇事物的涉猎成了硬币的正反面。[22]

叛逆与浪漫

在被驯化的、绝对理智的创造型人格与不合群的创造型人格之间也许存在着某种张力。但对于试图将个人从现代社会中拯救出来的战后思想家来说，绝对理性和个性自主是同一回事。马斯洛写道，在创造性行为中，我们变得"不受他人影响，这便意味着我们活得更像自己，真正的自己"。这个真实的自我不是处于两次世界大战之间符合社会主流意识的自我,而是一种绝对自主的自我,没有任何纠缠或所谓的义务。马斯洛赞美富有创造性的人那种孩子般的"天真",他写道,有创造力的人能够暂时变得"天真"……没有"应该"或"不应该",没有时尚、潮流、教条、习惯等约束,也没有"什么是适当的、正常的、正确的"的概念,就像是现代版的卢梭(modern-day Rousseau)。[23] 尽管他们摒弃了浪漫的疯狂的天才学说,人本主义心理学家尤其是马斯洛在他的研究中还是会经常用到浪漫主义观念,而吉尔福特却认为其毫无用处,他曾试图将创造力简化为日常的认知过程,马斯洛则将其描述成他所观察到的自我实现者身上的"高潮体验",即"幸福、狂喜、兴奋"的时刻。他满怀热情地将创造精神比喻为缪斯,甚至是情人:"我们让它在我们身上流动,任由它在我们身上肆意妄为。"创造就是"迷失在当下……成为永恒的,无私的,超越空间、社会和历史的"。[24]

弗兰克·巴伦对这种不墨守成规者的近乎反社会的创造性观念表示赞同:

> 他拒绝按社会的要求剥掉自己身上原始的、蒙昧的、天真的、神奇的、荒谬的东西,他不想被迫成为社会的"文明"成员。有创造力的人拒绝这种要求,因为他们想要完全拥有自己,因为他们认为社会要求所有成员都适应特定的时间和地点是非常短视和局限的。[25]

所以这是一个悖论。一方面,富有创造力意味着拒绝社会的要求，而在许多战后思想家看来，这个社会本身就够疯狂了；另一方面，它需要富有成效和实用性，尤其在专业层面。

精英主义和平等主义之间也存在着典型的战后紧张关系。如果创造力是自我实现的结果，那么理论上任何人都可以获得。蒂莫西·利里在一篇题为《测试分数反馈对创造性表现的影响以及药物对创造性体验的影响》("The Effects of Test Score Feedback on Creative Performance and of Drugs on Creative Experience")的论文中断言，"创造力不是幸运的遗传或通过精英式训练而获得的技能。我们每个人大脑皮层里的想象力远比世界上所有博物馆和图书馆的馆藏更丰富。旧符号的重组有着无限的可能。真正的创造力民主——体验和实践——是有可能的，而且或许近在咫尺"。[26] 例如，马斯洛拒绝心理测量学研究所依赖的"创造性与非创造性的二分法分离"（dichotomous separation of creative from non-creative），将更为民主的创造性理论与其他理论区别开来。马斯洛区分了"次级创造力"（secondary creativeness）和"初级创造力"（primary creativeness），前者是指有价值作品的实际完成，后者是指灵感的最初时刻，他认为"很可能是每个人都拥有的……这种创造力是任何健康的孩子都自带的，但随着年龄的增长，大多数人失去了"。[27] 对马斯洛来说，问题不在于如何识别有创造力的人，而在于思考这种被压抑的潜力去哪儿了，"为什么不是每个人都有创造力？"[28] 因此，在这一点上，人本主义心理学家与奥斯本派和帕尼斯派达成了一种似乎不太可能但却一致的共识。

虽然马斯洛和巴伦等人坚持认为创造力是一种普遍存在的

遗传，但他们显然也迷恋于独特性而轻视大众性。马斯洛写道，有创造力的人是"一种特殊的人，而不是已经掌握了诸如滑冰等新技能的老派的普通人"。[29] 他指出，更重要的是只有当"勇者"（物种生物学上的优种成员），"创新者、天才和所有领域的开拓者们都受到钦佩和重视，而不被那些充斥着尼采式怨恨（Nietzschean resentment）、无能的、嫉妒和软弱的逆反性评价者所诋毁，社会才能成功地运行"。[30] 换句话说，当马斯洛写到需要"培养一个具备即兴创作力的种族"时，我们并不清楚他是在谈论整个人类还是一个更高级的种族。归根结底，对于人本主义者和智力测试者来说，创造力依赖维持人类成就的等级制度，所有其他人类行为都可以以此为衡量标准。尽管这个等级制度的边缘受到了一些冲击，但它基本上是完好的。如马斯洛所写的，我们的梦想本身就是有矛盾的：因为我们想做的就是不断地精炼日常生活到极致，创造一个"超越平凡的卓越种族"。[31]

创意与改变

人本主义心理学家与心理测量学研究在科学技术问题上也存在一定的矛盾。吉尔福特和泰勒试图说服他们的赞助者，让他们相信创造力研究对于加速技术创新至关重要，而那些倾向人本主义的人则表达出了相反的担忧，他们不知道社会和文化的进步将如何跟上创新的步伐。1955 年，犹他会议的英语教授布鲁斯特·吉瑟林也提出类似的警示："人类科技思想的发展将给整个地球裹上寿衣。"想把我们从核毁灭中拯救出来——他指出这个问题正是由人类的"聪明才智"造成的——只能"创造性地、深刻而彻底地改变我们内在的精神世界",以解放我们"当前过于僵化的思想和感知力"。[32]

言下之意,人类自身所处的技术铁笼实际上并不是"创造性"思维的产物,而是那些理性的、工具的、狭隘的、专业化思维的产物。对于吉瑟林、罗杰斯和马斯洛等人本主义心理学家来说,创造力显然不仅仅指发明或独创性,而是一种更明智、更贴近人性的东西,是机器式思维的解药。罗洛·梅同样认为创造力是一种有意识的、深思熟虑的、可改变的力量:

> 因为害怕跳出舒适圈,我们是否会在习惯中变得麻木,并用冷漠的态度来掩盖我们的不作为?如果是这样,我们相当于放弃了参与塑造未来的机会。我们将丧失人类的独特性,即通过我们本身的思想意识来影响人类的进化和文明。我们将屈服于历史与自然的盲目主宰,失去将未来塑造成一个更加公平和人性的社会的机会。[33]

用创造性思维解决(而不是加剧)技术失控的机制通常是模糊的。罗杰斯认为,虽然创造力本身是价值中立的——"一边可能正在发现一种减轻人类疼痛的方法,而另一边可能正在为政治犯设计一种新的、更微妙的酷刑"——但总的来说,培养创造力是一种积极的社会公益,因为它从定义上来讲有助于心理健康,能缓解冲突导致的焦虑。然而梅也没有解释,如果自觉地影响人类文明的"进化"是人的精神本性，那么为什么人类历史的发展被视为具有"庞大的盲目性"。纵观整个人类文明史，会发现某些颠覆性的改变是不可避免的，这本身就是世界的运行方式。他们没有像战后保守派人士威廉·F. 巴克利（William F. Buckley）那样，站在历史前进的对立面大喊"停止"，也没有质疑推动人类社会不断发展变化的运行机制和军事科技，而是制定了一种与人性更为相符的社会模式。

马斯洛写道，心理学家的角色应该是"培养一个具备即兴创作与发挥能力的种族，一种能够适应世界各种变化的非凡人类"。[34] 美国需要"将国民改造成这样一种人：不用去量化世界，不必暂停世界，不用使世界稳定不变，不需要像他们的父辈那样。我们现在需要的是即使不知道未来会发生什么，也能自信面对……相信自己能够在前所未有的情况下沉着应对的人类"。[35] 根据这一心理学架构，变化是自然的、有机的、健康的和积极的，而停滞，甚至包括上一代人恳切追求的稳定和舒适，是人为干预的、压抑的，是软弱和个性化不足的标志。对马斯洛来说，"有创造力"首先是要以变革为导向，因此，能适应现代社会与一心想贡献社会同等重要。尽管人本主义心理学家可能不认同这种更看重定量的心理学同行的观点，但至少在创造力是一种积极的美这一观念上，他们在某些方面达成了共识。

民主人格

创造力作为一种普遍的健康人格的特质，无论其应用情况如何，在冷战时期都被赋予了更大的政治价值。"坚持自我调节"和"抵制文化适应的倾向"是有创造力的人的特质。尽管其个性叛逆，但这正是战后知识分子认为有创造力的人在一个复杂多元的自由社会里成为理想公民的原因。[36] 在冷战初期，知识分子将政治制度和偏好——自由主义、保守主义、民主主义、极权主义——映射到不同的个性上。这成了他们一种常见的消遣。1950 年的一项大型研究成果《权威人格》(*The Authoritarian Personality*) 将政治倾向用精神分析的术语来表述，认为"权力主义者"（包括种族主义保守派）是"吹毛求疵的"、"僵化的"和"心胸狭窄的"，并推崇"外部强加的价值观"，而民主人格除了不那么"种族中心主义"之外，还"宽容"和"灵活"，并且拥有"更大的自主权"，强调"内化的良心……这种人格以真实、内在的价值和标准为导向，不受外部权威的控制"。正如杰米·科恩－科尔（Jamie Cohen-Cole）所写，根据自由主义知识分子的说法，"平淡无奇、同质的美国郊区和极权主义机器有一个共同的特点：它们都有类似的主体……那种缺乏真实自我的人，终将破坏美国的民主"。[37]

"创造力"一词并没有出现在第一版的《权威人格》中，这本书是在吉尔福特发表演讲之前写的，但人格评估与研究中心研讨会的创造力研究借鉴了它所提及的人员和思想，导致创造性人格在很大程度上成了民主人格的新代名词。一项研究发现，有创造力和民主的人都更喜欢不对称的、抽象的艺术形象，据报道，这反映了他们"对模糊的容忍度"。[38] 根据这一理论，民主人士能够容忍不同种族和民族的东西，显然，有创造力的人也能够容忍外来思想，能接受"暂时的混乱"，所以民主人士能够适应民主进程中的混乱，有创造力的人不至于过快地接受陈腐的解决方案。事实上，这种审美倾向可能归因于他们大都受过教育，有着专业阶层的共同文化偏好。民主和有创造力的人都是从这个阶层中选出来的，但这种倾向并不是他们天生拥有的，这一点在研究时几乎没有被考虑到。[40]

创造性的人甚至成为民主社会本身的代名词。"依靠镇压来实现团结的极权主义国家，"巴伦写道，"在心理动力学上与抑制自己的冲动和情绪以维持表面稳定的神经质个体相似。"[41]另外，他推测，"使一个社会或一个时代具有并始终保持创造力的条件"可能"类似于个人创造力体现出的特质"，包括"言论自由……不惧怕异议和矛盾，愿意打破惯例，有一种游戏精神和对工作的奉献精神，并且具备宏大的目标"。有创造力的人和有创造力的社会是按照彼此的形象相互成就的。

尽管有政治上的共鸣，但创造力研究显然不仅仅是关于政治的。也就是说，虽然思想自由和言论自由是民主价值观的基石，但对于巴伦和其他特别关注创造力的人来说，思想自由的好处主要不是健康的政体，而是一种社会生产力。"抵制文化适应"的能力和不愿意"放弃个人的、独特的、本性"的能力，在政治领域可能会使一个人免受煽动的影响，使有创造力的人敢于大胆创新。[42]民主公民中的宽容态度会使少数族群得到公平对待，使社会接受无序的决策过程，最终可能真正有助于解决混乱的问题。事实上，从定义上讲，有创造力的人就是把他们的开放思想付诸实践的人。"有创造力的人不仅尊重自己的非理性，"巴伦解释说，"还把它作为自己思想中最有希望的新奇来源而不断加以培养。"[43] 他写道，有创造力的人是一个既能解决"外部问题"，又能"同时创造自己"的人。[44] 在创造性人格中，个性化和发明是融合在一起的。

不要为艺术而艺术

虽然每个人都认可创造力不仅限于艺术这一领域的观点，但人本主义心理学家还是对战后人们崇尚科学的态度表示质疑，他们更倾向于重视艺术。他们推崇的拥有创造力的优秀范例往往是艺术和文学领域的男性，偶尔有女性，他们对创造性过程的描述在很大程度上都来自艺术。马斯洛甚至建议，研究人员不应该向科学家寻求创造力的秘诀，而应该转向艺术家和儿童，因为科学仅仅是"一种技术，具有社会性和制度化的特点……没有创造力的人也可以拥有科学"。[45]（他以他典型的鲁莽的方式直接在犹他会议上说了这句话，而犹他会议却是专门为有创造力的科学家召开的。）

的确，许多艺术人文学界的人对科技界突然迸发的创造力热情感到既骄傲又恐惧。参加锡拉丘兹会议的主要是艺术教育家和信奉弗洛伊德学派的心理学家，会议的组织者带着一种困惑的辩解写道："创造力曾经被嘲笑、蔑视和怀疑，如今却被认为是一种专业兴趣，受到了应有的尊重，甚至在工程师、发明家和医务人员中也被推崇。"他们的假设是，尽管他们从来没有真正系统地讨论过所谓的创造力，并且他们几乎都认为无论创造力是什么，都超越了艺术本身，但其实艺术才是滋养创造力的土壤。[46]

强调艺术的重要性有时与非工具主义相一致。在锡拉丘兹会议上，梅尔文·图明（Melvin Tumin，后因研究社会分层而闻名）选择将创造力定义为"审美体验……不管是什么样的体验，都享受其过程，而不是其技术性的结果"。这一定义与犹他会议上讨论的相去甚远，后者强调的是新颖性和实用性。1964年，作家亚瑟·库斯勒（Arthur Koestler）认为，创造性行为的核心特征是产生"惊喜"，这个定义非常适合艺术和文学，同时也宽泛到可以包括技术上的新颖性；然而图明和库斯勒的定义都没有成为标准定义。马斯洛反对创造力研究的工具主义倾向，他坚持认为，创造力不是为了"解决问题"和"制造产品"，而是自我表达。"没有目的，没有设计，甚至没有意识，"他写道，"创造力一旦被'释放'或发掘，不论怎样，都会影响到生活的方方面面……像阳光一样。"[47]

聚焦艺术给人本主义的创造力理论蒙上了一层特殊的意识形态阴影，因为艺术传统上被认为是工业社会弊病的解药。浪漫主义艺术家被认为是游走于资本主义生产力之外的，因此属于现代社会情感疏离的例外。"当贝多芬创作《第九交响曲》时，《第九交响曲》就是贝多芬"，著名艺术教育家维克多·洛温菲尔德（Viktor Lowenfeld）提出过一个著名的观点，那就是永远不应教孩子去模仿别人的作品。他说，创作过程的定义就是"作品与创作者自身身份的认同，以至于作品与创作者之间几乎没有区别"。这种"完全意义上实现自己价值的能力，"他哀叹道,"在一个物质至上的时代很少见到,在这个时代,工作主要被视为一种赚钱的手段。"[48] 同样地,马斯洛也认为艺术家和他的作品之间没有距离。"如果最终要与自己和解的话,音乐家必须创作音乐,艺术家必须绘画,诗人必须写作。"尽管马斯洛在有些地方坚持认为,创造力本质上不限于艺术,但他仍然觉得艺术是人与产品合二为一的最佳领域。

尽管那些强调艺术的人对以科学和技术为导向的研究人员持怀疑态度,但即使是他们也不会为了艺术而谈论艺术。在他们所有的案例中,创造力比美学生产更重要。锡拉丘兹会议记录的编辑们鼓励读者摈弃创造力是艺术作品的观点。他们写道:"一个人画画、写诗或写歌的创作过程,与思维整合的过程是一样的。"创造力从根本上说是"一种积极的自我整合的力量"。马斯洛同样提倡艺术教育——或者,正如他所阐明的,"通过艺术来教育"——"与其说是为了培养艺术家或产生艺术产品,不如说是为了培养更好的人"。[49] 换句话说,艺术家是创造力的典范,艺术存在的好处不在于艺术本身,而是别的东西。这个说法自相矛盾。首先它把艺术与平庸的、商业性和技术性的东西区分开来。然而又说促进艺术发展并不是为了艺术本身——也就是说,不是单纯为了创造出某种艺术作品——而是促进创造力的培养。但这种能力却又可以应用于包括商业和科技在内的任何领域。的确,因为对艺术存有偏见,马斯洛热衷于指出,创造力并不局限于艺术。他回忆起一位家庭主妇,"没有受过教育,也很穷",但她的足智多谋和对家具的良好品位显示出她具有"原创性、新颖性和巧妙性,令人意外,以至于我不得不说她很有创造力"。再说,人们到处说古典大提琴家"有创造力",而他们所做的无非只是重现别人写的音符。心理学家应该重新审视他们的观念,不要认为"创造力仅仅是某些专业人士的特权",因为"烹饪、为人父母或照顾家庭或许也需要创造力,而诗歌创作或许不需要"。[50] 很明显,真正的创造力与美学本身无关,尽管它本质上带有某种艺术性。

创造力的性别化

除了证明创造力可以在艺术领域之外表现出来,马斯洛的家庭主妇的例子也表明了他的信念,即创造力研究正在将性别歧视纳入创造力概念的考虑中。他注意到,"事实上,我们用的所有关于创造力的定义,以及使用的大多数例子,基本上都是男性或男性化的",所以"我们几乎完全忽略了女性的创造力,我们通过简单的话术,将创造力局限在了男性产品上"。[51] 然而,马斯洛在其他地方也注意到,创造力在某种程度上是一个女性化的概念,心理学家对这种概念的接纳可能预示着一种新的,即使不是对"女性"的开放态度,也是对男性的"女性化"的开放态度。马斯洛说:"女性化实际上意味着一切有创意的东西——想象、幻想、色彩、诗歌、音乐、温柔、憔悴、浪漫,这些用词总体上来讲都很少用来形容男性,因为它们似乎削弱了男子气概。他说,太多的男人,有时甚至是那些有创造力的男人,都表现出"对贴上'女性化'的标签感到排斥与反感,因为他们会立即被视为'同性恋'。"[52] 但马斯洛和其他人本主义的创造力研究人员倾向于认为,触碰到一个人女性化的一面是心理健康的标志,对于有创造力的人来说,这是一种极富成效的特征。麦金农发现他的创意样本获得了更高的关于"女性特质"的评分,他认为拥有"跨性别特征"的个体——女性化的男性或男性化的女性——可能比拥有单一性别特征的个体更有创造力,因为这样的人总体上不那么压抑,包括不压抑潜在的新想法。[53]（一位评论家认为这个理论"不能令人信服"。）[54]

研究人员愿意接受这样一种观点,即温和的柔弱不一定指同性恋,其可能是一件好事,说明战后关于性和性别的观念发生了变化。在那个时代,美国人的男子气概是相当令人焦虑的主题,当然有时也有一些变化。二战期间的工作招募情况揭示了令人担忧的美国男性贫血问题（这显然是由经济大萧条导致的,但这往往被视为现代社会的一个更深层次的问题）,而新涌现的大规模的白领郊区式生活引发了对"过度文明"和"女性化"的老式恐惧。这些都有助于恢复对男子气概的早期崇拜［想想约翰·韦恩（John Wayne）和《男孩生活》（*Boys Life*）杂志上的那些健美广告］,但也有一种新的中间立场,即在职场环境里,一个更柔软、更善于理解情感的男性是受人欢迎的。在《父亲最清楚》（*Father Knows Best*）等电视节目中,美国人看到男性在不放弃自己在家庭中的主导地位情况下,努力避免成为专制的父亲。（相反,女性要努力提高做家务的效率,对不守规矩的孩子态度坚定,但又不"霸道"。）在艺术和文学的世界里,像杰克逊·波洛克、杰克·凯鲁亚克和诺曼·梅勒这样神气活现的人物代表了艺术可以既感性又有"肌肉"。对一些心理学家来说，创造性人格说明了具备女性的一些特质是多么有用和富有成效。

特别是对马斯洛来说，他在创造力中看到的性别倾向反映了他对心理学研究更大力度的改革。在马斯洛高度性别本质主义的世界观中，"科学"是男性的，"艺术"是女性的——前者属于"硬"的、"肌肉"类的思考方式，后者存在于道德性的、"温柔"和感性的思维领域。马斯洛私下里表示，他之所以想在新心理学研究中协调这种男女性别差异，是因为他自身表现出了"艺术家与科学家"这两种脾性。[55] 但马斯洛也非常害怕自己变得过于女性化。据历史学家伊恩·A. M. 尼科尔森（Ian A. M. Nicholson）说，马斯洛在他的日记里回忆他的童年长期承受着身体要强壮、要有男子气概的思想压力，这种压力从未真正离开过他。当他成为 20 世纪 60 年代反主流文化和解放运动的名人时，他不断地为"舍弃了（他的）男性气质"而烦恼，因为他与"思想温和的人、存在主义者、大苏尔集团（Big Sur group）、宗教人士"保持联系，而被真正的科学家视为"软弱的人"。马斯洛将这种恐惧映射到了社会上，尽管他很高兴自己的思想通过贝蒂·弗里丹等女权主义者的作品得以流行。弗里丹 1963 年出版的《女性的奥秘》（*The Feminine Mystique*）深受马斯洛的影响，但马斯洛私下里觉得，女权主义歪曲了女性天性中柔和顺从和注重家庭的气质［他早年在巴德学院（Bard College）研究猴子的性行为时，短暂地研究了人类女性，从而确信了这一点］。[56] 他相信，心理学研究，就像有创造力的人（如他自己）一样，本质上应该保持男性化，但需要有一些女性化特征来保有活力。

回归企业

如果说 1957 年马斯洛在提出管理建议时还让人感到不舒服，那么在他 1970 年去世那年，已成为美国最重要的管理思想家之一。马斯洛早就认识到，对创造力的需求延伸到了高管身上，他们必须"有能力应对任何随时可能过时的产品"；在 20 世纪 60 年代，他思考的重心转移到了企业与公司。1962 年夏天，他第一次去加利福尼亚，在德尔马（Del Mar）一家名为非线性系统（Non-Linear Systems）的公司担任研究员，并开始阅读彼得·德鲁克和道格拉斯·麦格雷戈（Douglas McGregor）的新管理理论。[57] 当泡在伊莎兰研究院（Esalen）的浴池里时，他被介绍给一群对他的工作感兴趣的商人。在此期间，他编写了一本"日志"，后来被称为《马斯洛论管理理论》（*Maslow on Management*），这本书包括他管理思想的主要内容，并且成为他最受欢迎的作品。1968 年，也就是他成为美国心理学会主席的那一年，他搬到了加州担任全职研究员，同时还得到了门洛帕克（Menlo Park）一家食品服务公司的奖学金，这家公司的董事长被马斯洛关于人类成长的观点所吸引。[58]

在他的"日志"中，马斯洛提出了"开明式管理"的概念，他提出要鼓励员工成为公司的"原动力"，而不是让其简单地服从命令式的管理，要将员工个人的目标与公司目标结合起来——他称之为"协同效应"（synergy）——既让员工实现自我价值，也让企业获得利润。马斯洛认为，管理者应该给每一位员工一种"自主决定命运"的感觉。他认为这种做法具有革命性意义,可以解决他所看到的现代资本主义最深刻的问题:职场情感的疏离。这个过程中也会使公司更加灵活和创新。他写道:"机械化和专制性组织的诸多问题,以及视工人为可替换的存在的老式做法,似乎都因为公司既没有意识也没有能力而没有被改变,因此,在我看来,就民主管理哲学而言,更深入研究创造力的心理驱动,从根本上来讲是非常重要的。"[59]

马斯洛认为,现代管理也变得有些病态式的理性,就像当初的心理学研究一样,由"会计师"和"权威机构理论家"主导,"他们把对数字的关注,对可兑换货币的关注,对有形而非无形的关注,对精确性的关注,对可预测性的关注,对控制的关注,对法律和秩序的关注变成了工业的核心关注点"。那些试图强行施加规则以避免无政府混乱状态的人不仅是精明的商人,还有"可能是神经质、非理性或极度情绪化的人"。另外,"创造性人格"应该指的是那些能够应对商业挑战的人,他们充满自信,且在时机成熟时,能够即刻想出解决方案。这种创造性的个体才应该是企业员工、管理者和公司去努力效仿的。

最终,尽管坚持"全面性"研究创造力的人本主义是对吉尔福特和其他人所持的工具主义理念的挑战,但与冷战时期研究创造力的企业环境相适应。这种坚持激发了人类追求新事物的动力,将心理健康中的人道主义利益、自由主义政治哲学和战后创新的必要性结合在了一起。战后创造力的拥护者将企业生产力与个人成长融为一体,职场上的成功成为充分实现自我价值的自我证明和手段。这种关于创造力的人道主义论调尽管有时对资产阶级的价值观是一种挑战,但与长期以来寻求经济发展和自我内在协调的美国传统精神是一致的。

与此同时，关于创造力的人文性话语戏剧性地重塑了资本主义文化。马斯洛搬到加利福尼亚象征着当时美国工业的总体转向，从东北和中西部的传统工业地带转向西南部的阳光地带——以硅谷为例，这一转向导致了反文化、学术和工业发展的新整合，马斯洛本人就是其中的指路明灯。马斯洛的思想为永无止境的企业改革提供了源源不断的活力，从"扁平"的等级制度到领悟力培训，再到21世纪科技园区的娱乐梦幻工作园。但是，对于普通白领来说，"完全自主"或拒绝现代文明意味着什么呢？贝多芬也许因他的《第九交响曲》而闻名，但作为一个普通的工程师或广告人员，怎样才能刚好加入会议桌上的某个大型项目呢？更别说一个电子公司的普通流水线工人了。马斯洛和巴伦心目中的协同效应显然是一种与现实工作相矛盾的理想主义；但他们认为，这些矛盾并非难以解决。对他们来说，自主并不一定意味着拥有决定项目或制定工资的自由。这是一种感觉，一种精神状态和一种个性。它是一种天生的、如影随形的东西，无论在艺术家的工作室还是在公司的办公室里，你都能随时感受到它的存在，而这就使它成了一个非常有用的东西。

鞋厂里的集思法

4

"鞋厂"(The Shoe)已经才思枯竭了。

"鞋厂"负责人试过头脑风暴,甚至催眠法,都没有找到一个有效的方法来产生新的产品创意。

联合制鞋机械公司(The United Shoe Machinery Corporation,USMC)的事迹是战后美国企业的典型案例。美国联合制鞋机械公司(人们亲切地称其为"鞋厂")其实是一家制鞋机械的制造商,并不制鞋,自1899年合并以来,它已成为波士顿最大的雇主之一,正如《财富》杂志所说,它是"蓝筹股公司中业绩最优最稳定的"。到1950年,"鞋厂"占据了85%的份额,基本垄断了市场。但到了20世纪60年代初,美国政府持续不断进行反垄断斗争,加上国外市场日益激烈的竞争,该公司开始积极推进产品线多元化。该公司的高管们读过《商业管理》(*Business Management*)中的《如何释放你的创造力》("How to Unleash Your Creative Powers")、《机器设计》(*Machine Design*)

中的《一步一步……保证提升你的想法输出》("Step by-step Approach...Guaranteed to Improve Your Idea Output")等文章。他们知道，西屋、通用汽车、通用电气和美国铝业公司已经开始运用创新性思维。他们对这一新形势特别关注，并将各类文章、小册子和名片保存在一个名为"创造力培养"(Creativity Training)的文件夹中。1963年，"鞋厂"研发部列出了包括41个"创造性思维目标——多样化领域"(Objectives for Creative Thinking— Diversification Area)的清单，并开始考虑雇专人来传授他们关于创造力的秘密。

1962年5月和6月，一本名为《集思法：创造潜力开发的新方法》(*Synectics: A New Method for Developing Creative Potential*)的小册子在"鞋厂"的高管和研究人员中流传。他们从这本小册子和后来与Synectics公司创始人的通信中了解到，集思法以类比思维为基础。在一次公司的集思会（Synectics sessions）上，一个训练有素的讲解员通过类比的方式指导一个小组，在小组成员找出（理想的）可行的解决方案之前，引导他们思考，让他们的思维越发散越好。和头脑风暴一样，集思法的基本假设是"每个人都是天生的问题解决者"。[1]而且，与威廉·怀特等有着歇斯底里的个人主义绝望不同，在集思会里个人的创造力不会被群体扼杀，甚至还可以获得更多集体的力量。在会上，Synectics公司的副总裁迪恩·吉特（Dean Gitter）说，一旦他们发现了创造力的内在运作原理，就不需要再"寻找一堆现代的爱迪生"了。"你所在的组织里就可能存在潜在的创造力。"[2]吉特说，Synectics所推行的是"一种产生创造力的配方——一种特定的形式，旨在……几乎可以说是程式化地产生一种被称为灵感的东西"。[3]

这种自相矛盾的措辞是 Synectics 公司的标志。其创始人乔治·普林斯（George Prince）所写的《创造力的实践》（*The Practice of Creativity*）一书的扉页上写道："创造力：一种武断的和谐，意料之中的惊讶，习惯性的启示，熟悉的惊喜，慷慨的自私，意想不到的确定，有形的固执，至关重要的琐碎，有纪律的自由，令人陶醉的稳定，重复的启蒙，艰难的快乐，可预测的赌博，短暂的稳固，统一的差异，苛刻的满足，神奇的期待，惯常的惊奇。"[4] 这种集成式的思维方式反映出了 Synectics 公司所使用的方法，目的是释放出非理性，展现出俏皮的一面和诗意的心灵，从而实现企业的具体目标。根据两位创始人的说法，这是一种"忽略逻辑的，将看似不相关的想法结合起来，从而产生新想法的能力"。Synectics 是一个来自希腊语的新词，意思是"将不同的元素聚集在一起"。Synectics 公司处处体现着这种感性化的思维。公司的员工有从事雕刻的化学家，演奏爵士单簧管的心理学家，以及边画画边设计的工程师。员工们的穿衣方式也很特别，连公司的创始人普林斯本人都因在白衬衫口袋里放一堆彩色马克笔而闻名，他说万一需要用到呢。

如果说头脑风暴在商界被认为有些非常规的话，那么集思会则是彻头彻尾的怪咖。《财富》杂志后来写道，"对于外行来说，集思会是一件令人吃惊的事情——看着像 LSD 派对或团体心理治疗"。Synectics 公司却坚持认为这种看似疯狂的方法是有合理性的，可是像"鞋厂"这样的公司会花大把的钱专门去做"集思"吗？[5]

用科学管理颠覆科学管理

尽管 Synectics 公司推行的理念有些感性，但它的起源是完全理性的。该公司的创始人乔治·普林斯和威廉·J. J. 戈登是强大的咨询公司阿瑟·D. 利特尔公司（Arthur D. Little，ADL）的雇员，当时 ADL 奉行科学管理的企业理念。它的同名创始人阿瑟·利特尔于 1909 年开始运营公司，专门为化工行业提供技术咨询，成为当时美国首屈一指的企业顾问。为了帮助各企业在生产流程和实验室运行方面更高效，ADL 帮各企业很快建立和运营了自己的研发室；到 20 世纪 40 年代，ADL 已成为美国最大的咨询公司，为全美国的工程师提供咨询服务。

战后的消费者经济推翻了旧的经济观念，带来了新的挑战。随着 ADL 的客户们不断积极追求产品多样化，ADL 也开始面临新的问题，即如何推出还没有市场基础的产品？如何利用现有的知识产权激发潜在的消费需求？换句话说，如果没有市场需求，那么发明的原动力是什么？1958 年前后，ADL 成立了一个特别的发明设计小组，由来自公司各部门的科学家和工程师组成，大家都有着不同的兴趣。比如戈登，他学过数学、心理学、生物化学和物理，有些课程还在哈佛修过。[6] 正如这个小组的名字"发明设计"（Invention Design）所暗示的那样，其目的是在工程和设计之间架起一座桥梁，他们觉得，在产品促销方面，对非实用和美学的考虑与产品的技术性和实用性同等重要。因此，他们请来了普林斯，曾经的广告创意总监，也是消费动机研究（消费者欲望心理学）方面的专家。

戈登和普林斯开始意识到，正如他们很快也会告诉客户的那样，ADL 所代表的传统研发是一种"蛮力"方法：劳动密集型，成本高，效率低。[7]这种方法出成效的概率极低，就像"给十只猴子十台打字机，并给它们足够长的时间，他们或许也能写出类似莎士比亚创作的作品"。[8]他们说，讽刺的是，官僚主义的创新方法建立在"浪漫主义观点"的基础之上，即认为创造力是神秘的、反复无常的、天生的，因此"个人的创造力很难被激发"。[9]普林斯和戈登指出，正在进行的令人兴奋的关于创造力的新研究表明，创造的过程是有可能被理解的，他们希望能积极改进它，于是他们求助于"科学管理"中最古老的方法——经验观察。

20 世纪早期"科学管理"运动的创始人弗雷德里克·温斯洛·泰勒（Fredrick Winslow Taylor）、弗兰克·邦克·吉尔布雷斯（Frank Bunker Gilbreth）和莉莲·吉尔布雷斯（Lillian Gilbreth）都是工程师，他们用秒表、图表、胶片等对工作中的人的"行为"进行研究。他们先从工厂工人入手，后来又转到白领的工作环境甚至家庭工作场所，仔细地将每一项工作步骤进行高效地分解，以找出完成任何给定任务的"最佳完成方式"。普林斯和戈登在白领们的会议室周围安装了录像机和录音机，用他们的话说，就好像在"公司内"录制了数千小时关于产品开发和问题解决的会议，并以科学的技术仔细审查录像带，筛出生产要素并找出导致生产效率低下的点。[10]通过这项研究，普林斯和戈登很快便发现了一种能产生"可靠创造力"的方法——这或许是他们认为的最好的方法。

他们在创造性思维的研究领域很快引起了轰动。1958年，在麻省理工学院由约翰·E.阿诺德组织的夏季研讨会上，他们与头脑风暴的传道者查尔斯·克拉克（Charles Clark）一起发表了演讲，作为头脑风暴的一个引人注目的替代方案——"戈登方法"（the Gordon method）在好几本关于创造性思维的图书中都被提及。1961年，戈登把他们的发现写进了《集思：创造力的发展》(*Synectics: The Development of Creative Capacity*)一书，并和普林斯以及"发明设计"小组的其他几个成员从ADL公司分离出来，成立了Synectics公司，这是美国第一家专注于"创造力和创新"的精品咨询公司。在剑桥市中心的办公室里，他们为客户授课，并很快通过为期一周的培训将公司的集思理念

图4-1 集思会，有一堆录音设备，他们对录像带进行研究，以改进产生"可靠创造力"的方法

经Synecticsworld®, Inc.许可使用。

推向世界。他们的早期客户大多是带着与产品相关的具体问题来的，但公司逐渐将业务范围扩大到除产品开发以外的市场营销和企业内部结构重组等方面，可以说包罗万象。他们所提供的不仅仅是一种思路方案，而是"创造力"本身。

正如"鞋厂"内部讨论所指出的，要想说服精打细算的高管们在创意咨询这种模糊的东西上花大钱是一件艰难的事情。一位高管透露，他觉得这整件事听着"相当抽象"，并建议将这笔巨额费用（3年约10万美元）花在更实用的传统技术培训上，比如专业技能、成本削减等。[11]然而，公司另一位主管经过粗略计算，认为这可能是一项合理的投资："假如每五个人能把他们学到的东西再传给另外五个人，第一年就会有30个人受益。假设Synectics公司里的这些人都值得他们的薪水，并且每人平均增长5%，那么第一年的投资回报率可能是10%，之后会越来越高。"他补充说，即使没有达到，"只要有一个真正切实好用的想法就能收回全部成本"。[12]"鞋厂"新品组的高级工程师W. 克拉克·古德柴尔德（W. Clark Goodchild）最初拒绝接受Synectics公司提供的服务，他告诉首席执行官，尽管他对追求"创造力"这个主题仍然感兴趣，但他"个人……不相信这种培训有意义"。[13]然而，几年之内，Synectics公司就在《财富》和《华尔街日报》上发表了几篇引人注目的特刊，其客户包括美国铝业、通用电气、通用汽车、金佰利（Kimberly-Clark）、宝洁公司和百得（Black & Decker）。[1964年，普林斯和戈登因意见分歧分了家，戈登自己创立了"集思训练体系"（Synnectics Education Systems），将这种集思法应用于教育。]普林斯则坚持不懈地向各企业写推介信，最终成功了。1965 年，古德柴尔德终于认识到"集思法"确实是"刺激和调节思维"的最佳方法，于是"鞋厂"决定碰碰运气。

1966 年 6 月，公司的五位研究经理前往剑桥参加了为期三天的集思研讨会，同年 11 月，古德柴尔德又回来参与了为期一周的协调员培训，作为 Synectics 公司与"鞋厂"的中间人帮助解决"鞋厂"内部包括研发部门等各部门的问题。6 月出席会议的还有利华兄弟、通用食品、西部电气公司、埃索（Esso）和辛辛那提铣床公司（Cincinnati Milling Machine）的新品开发负责人。在后来 11 月开展的紧张的一周培训里，高管们被逼跳出了自己的舒适区，学习了集思的理论、术语和方法。有一天，培训小组被要求思考一个问题：如何将锤子头固定在把手上。用集思的术语来说，这就是 PAG，即给定问题。然后，引导者要求他们阐明在既定条件下面临的具体挑战，术语称为 PAU，于是小组成员很快发现"如何将木头钉在铁上"这一点是最大的挑战。随后，小组开展了一些户外"短途探寻"，途中，教员提示他们可采用直接类比（DA）、符号类比（SA）和个人类比（PA）等方法。这场探寻对他们来说是一次漫长又奇怪的经历，他们会时不时经过一些散布着鱼骨和鱼腹的荒地，整个氛围时而紧张、时而令人胆怯，教员宣布活动结束前（FF），他们所做的只能是从沿途收集到的一些无关的图像、符号和短语中获取线索和灵感。（该活动小组最终解决方案的记录从来没有找到。）

凯尔西 - 海斯钢铁产品工程部（Steel Products Engineering division of Kelsey-Hayes）的工程师们在一次会议上解决了一个看

似平淡无奇的问题——"齿轮转位",其会议记录显得更加奇怪:

> 杰克:好的,日期是 1965 年 3 月 4 日,问题核心(PAG)是"如何将成品齿轮磨圆",问题的挑战(PAU)是"如何在不磨圆的情况下碾磨齿轮"。……好的,从"圆"这个词开始。你们首先会想到什么样的直观的类比。
>
> 亚历克斯:怀孕?腹部肿胀导致的腹部圆润?
>
> 比尔:当我想到"圆"的时候,我想到的是宇宙。
>
> 霍勒斯:大理石。
>
> 杰克:那让我们拿大理石做一个象征性的类比。
>
> 吉姆:嗯,我想象自己是一片非常平静的湖——我会反射出所有从我身上掠过的物体影像,这让我得到极大的乐趣——当风吹起,涟漪形成,反射影像消失了,我就会非常沮丧。
>
> 霍勒斯:因为涟漪破坏了反射。
>
> 吉姆:是的,涟漪毁了我。
>
> 比尔:让我也进入那个湖。……我的快乐在于我知道我的湖水孕育出小溪,湖水蒸发时,我也特别自豪……因为我会看见一道美丽的彩虹。我觉得这是我的一个孩子……[14]

的确,正如《财富》杂志所指出的那样,与头脑风暴——一种由一位"主席"带领一群穿着类似军人制服的小组成员——相比,集思法似乎在引导新兴的反主流文化。Synectics 公司的办公室预示着后工业时代下偏好创意产业的悠闲办公室的出现,类似于"格林尼治村艺术家的阁楼工作室",裸露的砖墙、帆布躺椅和古怪的螺旋楼梯,后来这些都成了Synectics公司的标志。这些可不仅仅只是为了好玩。《财富》杂志称Synectics公司是"*被疯狂刺激下的产物*",但高管们坚持认为,这种疯狂是有合理性的。因为运用一些看似不相关事物的隐喻是为了开启大脑的"前意识"(pre-conscious),"尽管这看起来很不理智,也不负责任",但实际上这种做法是带着某种"目的"的,那些被遗忘在"大脑记忆"深处的"印象、信息和感觉",可以为有意识的头脑提供养料,并将其最终指向有希望的、实用的方向。

集思法也很适合拿来与团体疗法做类比。普林斯和戈登深受卡尔·罗杰斯的影响,罗杰斯在20世纪50年代末开始了"群体性疗法"的实验,他们还结合了一些战后新疗法[如"训练小组"(T-groups)或"敏感性训练"(sensitivity training)],即通过疗愈来解决群体动力的问题。[在20世纪70年代,Synectics公司的高管们还参加了新时代自我提升——EST(Erhard Seminars Training)培训。]事实上,戈登和普林斯在培训中学到的很多东西,与其说是关于创作过程,不如说是关于动态的人际关系——人们对语言、姿势、反应等做出的选择——如何影响整个过程。

正如布法罗创造性思维学派(Buffalo school of creative thinking)与学术心理学的协同作用一样,普林斯和戈登贡献了很多演讲和科研论文,并反过来深受人格评估与研究中心关于创造性人格研究的影响,包括马斯洛和罗杰斯关于创造力和自我价值实现的影响,他们试图在企业环境中开展逆向性思维工程:如果工作积极是有创造力的人的标志,那么通过在职场激发工作热情,或许可以在解决某个企业问题或开发一项新品时激发大家的创造力。集思推行的虽然首先是一种可靠的刺激研发的方法,但其同时也是一种思维疗法,一种通过关注"个人感受"、解决企业环境中人际疏离的自我疗法,这能更好地激发出创造力并开发出更多的新产品。

集思法确实是一种个体疗法,它能治愈美国职场中出现的精神分裂,重现员工"诗意的""艺术的""情感的""天真的""孩子气的""好玩的""无关痛痒的""感性的"方面,这些东西因职场环境早已变得非常遥远了。他们说,公司里的工程师被教导要"在方法上极端理性,得出结论时要谨慎,尊重现有的知识体系"。崇尚"专业知识"的行业往往忽视"个性的、感性的、看似无关紧要的、情感方面"的需求,而这些方面却是"构成一个完整的人,无论是男人还是女人"的重要因素,"对新思想的产生也至关重要"。以战后的眼光来看,"粗暴而接地气"的机械工程师对平静的山间湖泊和彩虹充满诗意的描述既令人振奋又有点搞笑:这表明有人已经找到了将"工具人"重新变成真正意义上"人"的方法。[15]

艺术领域巧妙地成了集思概念的对比领域和范例。"传统上……对创造力本质的看法……侧重强调画画儿和写诗才是'唯一'具有创造性的事业",戈登写道。[16] 而事实上,"艺术和科学中的发明现象是很相似的,有着相同的基本心理过程"。然而,正如普林斯在一次电视采访中澄清的那样,"这并非那种能让你的作品进入博物馆的创造力——这是另外一种意义上的创造力"。[17]

可以肯定的是，集思法并不是为了帮助艺术家创作而设计的。但为什么一说发明就一定要提艺术呢？为什么要用"创造力"这个词呢？这个词与"发明"、"原创性"（originality）或"独创性"（ingenuity）都有区别，会不断地迫使人们澄清它不单指美术或诗歌创作。而在关于创造力的讨论中，艺术这个领域，一如既往，在集思法这里也是一个幽灵般的存在——它总是被提及，却从不被严肃探讨。提艺术只是为了表明，Synectics这个关于创意的品牌与艺术本身有着共同之处——不是指在用材、技术、知识或工作环境上，而是在一种假设性的思维方式上，甚至是一种自身所带的特质上。正如集思法本身所体现的，它是一种诗意的思考，并让工作变得有趣。

如Synectics公司所说，任何工作都可以有趣且让人充满激情。但现代人却总是认为工作令人辛苦和乏味，工作状态留在办公室就行了。员工被鼓励工作往往是来自一种"社会性激励"，而并非工作本身。但普林斯对"鞋厂"的研究主管霍默·奥弗雷（Homer Overly）说，这种态度是对创造力的诅咒，他指出，有研究表明，极具创造力的人在"规定的朝九晚五"之外也会很敬业。[18] 集思法的目标是通过刺激"感知快乐"的能力，或一种"感觉良好"的状态，促进"人"自我价值的实现，从而建立自身与工作更深层次的联系。当然，大多数公司不能简单粗暴地直接给员工灌输"加班好"的观念。但对普林斯和戈登来说，热情的源泉不在于结果，而在于创作过程。"鞋厂"一位CEO高兴地说，经过集思法的训练，"团队的每个成员都认为新品出自自己的想法，他们充满热情，热情似乎永远不会消退"。[19] 集思法显然可以让人产生一种主人翁意识，从而减轻了即便不是经济上，也是职场上带来的心理压力。

在试图将个人意愿与企业发展相结合的理念中，Synectics 公司与新兴的企业管理趋势一致。理论家克里斯·阿吉里斯（Chris Argyris）在《个性与组织：制度与个人的冲突》（*Personality and Organization: The Conflict between System and the Individual*）和《个人与组织的整合》（*Integrating the Individual and the Organization*）中，以及道格拉斯·麦格雷戈（Douglas McGregor）在《企业的人性面》（*The Human Side of Enterprise*）一书中，都提到了试图通过利用员工个性来提高他们工作效率的方法。[20] 阿吉里斯和麦格雷戈都将马斯洛的新人本主义心理学直接释译成管理术语，试图用深层次的自我实现与企业管理目标相"融合"来取代公司的"制度调整"。[21] 根据麦格雷戈的说法，"传统观点"，即泰勒主义，或者他所说的"X 理论"，认为工人根本不想工作，因此必须通过自上而下的管理和企业的从属制度来"强迫"他们。而新的、更开明的观点，即"Y 理论"，认识到公司的目标应该与"更高层次的自我需求和满足"保持一致。[22] 在 Synectics 公司看来，创造力是个人和公司共有的目标。"每个人都在寻找自己的独特性"，戈登写道，公司也在寻找独特的产品。[23] 至少有些人认为集思法是管理理论的下一个重大发展：在与戈登和普林斯会面时，美国联合制鞋机械公司的研究主管 W. L. 阿贝尔（W. L. Abel）在笔记本的一角潦草地写着，或许是抄下的一段简短的推销词，"X 理论，Y 理论，现在是 S 理论"。[24]

集思法认为，激励人们的应该是创造的过程，而不是某种创造出来的东西或创造目的。不管他们的任务是设计新的吹风机、轮椅还是营销方案（这些在某种程度上都曾是 Synectics 公司的项目）。所有这些都可以，也确实应该，让人"整个"参与进来，从而消除产品和产品创造者之间的界限，因为只有热情的员工才能拥有真正的创造力。

营销与创意同在一室

除了鼓舞士气之外，集思法（在一定程度上）可能还有一个更常见的作用：进行适当的人员协调。企业里的研发部门或许并不像戈登和普林斯所说的那样功能失调，它们只是无法胜任消费者经济所要求的新任务。虽然许多研发仍然集中在高技术的军事或工业领域，但越来越多的研发是面向普通市场的，特别是在多元化驱动的背景下，工程师们需要加快研发出那些市场上还没有出现的产品。在产品开发的过程中，所谓的"问题"不再是某项具体的工作。以美国铝业与 Synectics 公司的合作为例，结合市场需求和公司盈利，美国铝业当下的问题是要找到铝的新用途。在 Synectics 公司的研究文献和大段创造性案例的论述中，"解决问题"和"发明创造"之间界限逐渐模糊，对许多工程师来说，两者的界限或许正在消失。

普林斯在给"鞋厂"研发部门的一封信中写道，大多数公司，负责构思、开发和营销的人员之间存在沟通问题。而 Synectics 公司从一开始就引入市场营销的概念。[25] 一位运用集思法的首席执行官认为，产品开发"要求我们以不同的方式做事……现在我们有研发人员构思广告口号，营销人员走进实验室"。[26] 这预示了公司管理的一个主要发展趋势，许多研究密集型公司也做出了类似的组织架构调整以作为其尝试多元化管理的一种努力，包括将营销提升到战略和规划的关键位置，组建内部设计团队，等等。创新与营销被彼得·德鲁克称为现代管理的两大真正焦点，这两者的结合，实际上是更大规模的创造性解决问题的运动。创意工程先驱约翰·阿诺德在 20 世纪 40 年代早期在"鞋厂"担任工程师，他写道："创造力为不同专业背景的人提供了一个共同交流的场所，我们可以互相交流想法，分享共同的经验……产品设计提供了一个几乎完美的平台，将不同背景的人聚集在一起进行共同创作，还能提高工作效率。科学家、工程师、艺术家、哲学家、心理学家、社会学家、人类学家、推销员和广告人都要贡献他们的专业知识，以确保产品开发的成功。"[27] 换句话说，当话语说服的软艺术渗透到工业科学的硬世界时，Synectics 公司可能提供了一种适合新产品开发制度的人事协调方法，就像普林斯和奥斯本从麦迪逊大道来到了工业巨头的研发实验室一样。

能为消费者经济重建一个由纯技术企业架构的前景，可能是"鞋厂"的工程师们发现 Synectics 如此有吸引力的原因之一。战前，他们知道他们要做什么：让制鞋机器更有效率、更可靠。战后，他们逐渐觉得一味地改良机器还不够，他们更需要用企业家的精神去思考，并逐渐向消费和休闲领域迈进。例如，1968 年，受两位高管到缅因州旅行的启发，古德柴尔德召集了 10 名研究人员，开发并改进了一种滑雪缆车售票系统。有人认为，凭借在扣件方面的专业知识，"鞋厂"可能会设计出一种更好的系统来防止滑雪者蹭票。讨论会上提出了一系列有趣的想法，如向滑雪者发送低功率无线电发射器，设置像电视遥控器那样的短距离超声速设备，将滑雪者的照片贴在门票上，在滑雪板尖上涂上半衰期为 24 小时的 β 射线水泥，以及使用染料可消失的冲压服等。

目前尚不清楚这些防蹭票的方法，或者"鞋厂"内部集思研讨会上产生的任何想法，是否实现过。但无论集思研讨会扮演了什么角色，"鞋厂"的产品多样化战略显然发挥了作用。到 1972 年，曾经唯一的收入来源——制鞋，现在只占公司总收入的 1/3。现在，该公司在工业和消费市场上生产出了数百种产品，包括扣件、黏合剂和其他与制鞋完全无关的机器，这些产品由全球 58 家工厂的 26000 名员工设计、改进、生产和销售。[28] 其中大部分是通过收购 50 多家小公司完成的，但也有一些来自内部研发，也可能是集思会的成果。

∴

由于 Synectics 公司的大部分产品都是受雇完成的，因此它不能公开认领自己的成果，而且由于它的大部分工作是培训他人运用其方法，因此很难明确其产品。不过，宝洁公司在 ADL 的一次会议上，提到了 Synectics 公司曾建议品客薯片用网球纸盒来解决其产品在运输过程中被压碎的问题，这使 Synectics 公司获得了赞誉，同样的例子还包括速易洁（Swiffer）的拖把。这两家公司都成功地将现有的专业技术应用到了本没有市场需求的东西上。多年来，高管、学员和会议参与者都对这种方法赞不绝口，一些创造力心理学家认为它比流行的头脑风暴复杂得多。人格评估与研究中心的唐纳德·麦金农称其为创造性思维的"最佳方法"。[29] Synectics 公司的意义不在于其方法有多"奏效"，而在于它在一个刻板的工程师世界里，实现了经验主义和浪漫主义、效率和奇思妙想、团队凝聚力和个人价值的完美结合，听起来这项研发资金没有白费。正如陶氏化学公司的《创造力评论》赞美道，"通过强调把人看作一个整体（心、手和头脑合一），集思法被证明很有效，而且似乎给那些运用它的人带来了更多的快乐"。[30]

在某种意义上，集思法是将个人从大众社会中拯救出来的一种尝试。乔治·普林斯在 1966 年写道："50 年前，社会看起来很像堪萨斯大草原。无论你往哪里看，人都是草原上最高级的生命。但现在你看看我们这个世界……已经成了一个由大型企业组织建构的社会。"普林斯看到了这个新的大众社会与全国各地涌现的反叛青年之间的直接联系。他说，"学生和我们的唯一区别就是他们还年轻，可以反抗；其实我们和他们一样也迷失在这个现代世界里，一样感到困惑。"而集思法试图在职场环境下培养一种叛逆感和全新的意义。就像头脑风暴一样，这也有点像大众狂欢，尽管这个过程可能很有趣，但它总归要回到现实，天马行空的集思会也必然会结束。集思法试图将艺术与科学、诗意与实用结合起来，这是一种疗愈法，旨在使工作不那么令人感到冷漠；在消费经济中，设计和工程的界限日益模糊，需求不再是发明的原动力,它也具有一些实际意义。集思法在所有这些方面,都预示了未来几十年的商业如何自我改造。它还说明了创造力——一种有纪律的自由,一种令人陶醉的稳定,一种可预见的赌博,一种暂时的可靠,正如普林斯所说——是多么有力地遏制着战后美国那些核心的悖论。

有创造力
的
孩子

5

1957年11月4日,苏联成功地将第一颗人造卫星送入轨道。美国技术落后的现状一度仅限于研究主管和政客之间的讨论,彼时突然成为公众密切关注的问题,首先美国的学校对此表现出极度焦虑。根据历史学家黛安·拉维奇（Diane Ravitch）的说法,由冷战鹰派、传统保守派和1954年最高法院对布朗诉教育委员会案（*Brown v. Board of Education*）判决的反对者组成的联盟将人造卫星视为"无视高标准的后果的象征",并将其归咎于进步教育运动和推动种族教育平等。在那之后,关于加强数学和科学教育、及早进行专业化教育、严格纪律、关注最优秀和最聪明学生的紧急呼吁便立即出现了。[1]

就在第二年,一张数额可观的政府支票落在了明尼苏达大学（University of Minnesota）新晋教育心理学教授埃利斯·保罗·托伦斯（Ellis Paul Torrance）的桌上,用于对"天才"儿童进行为期数年的研究。托伦斯的父亲是佐治亚州的一个农民,他从高中职业顾问一路成长为研究喷气式飞机的空军心理学家，他深信个人才能的重要性。而他对不合群的人有着一种特殊的感情——他认为这些人没什么问题——而且他本身也不喜欢纪律或专业性。对托伦斯来说，对这两个工种的兴趣因创造力结合在一起。受创造力研究中令人兴奋的新发展的启发，托伦斯得出结论，主流观念中所提到的天赋这个概念，以及反映和强化这种观念的测试，对缺乏想象力的墨守成规者或小型企业中的普通员工是有利的。正如托伦斯1961年在《看客》（Look）杂志上发表的一篇关于"有创造力的孩子"（the creative child）的专题文章中所说的那样，智商测试只奖励那些"能理解简单是非对错情景的孩子……即思维趋同，怯于尝新的死记硬背类型，而不是真正的创造型孩子"。"如果我们根据智力或学业考试来确定孩子是否有天赋，"他继续说，"我们会把约70%的最有创造力的孩子排除在外。"[2]这就是为什么托伦斯一收到天才儿童研究基金，就决定把重点放在如何识别和培养"创造型人才"这个具体问题上。自创造力研究开始以来，儿童教育一直是其关注的焦点，但近十年来，该领域研究仍主要集中在高尖科技人员或有成就的专业人士身上，托伦斯使研究儿童创造力成为可能。在短短几年内，他就开发出了同名的托伦斯创造性思维测试（Torrance Tests for Creative Thinking，TTCT），这是第一个用纸笔就能做的创造力测试，得到了广泛推广，也是后来许多创造力研究的黄金标准。[3]

苏联人造卫星发射后美国充满危机感，托伦斯试图超越美国教育界的派系纷争，将他对顺从的反感和冷战中的务实思维融入其"创造力"概念。对于托伦斯和其他研究人员来说,创造力介于天才和普通小孩、实用技能和个人特长之间,让人有些难以捉摸。尽管这会让研究充满挑战甚至令人失望,但托伦斯仍然成为创造力领域的主要研究者之一。作为一名多产的研究者和终身倡导创造力的人,他帮助美国人重新定义了"理想儿童"和教育的目的,并在一个迷茫的时代激励了担忧孩子前景的老师和父母。[4]

获得创造力

托伦斯后来被称为"创造力之父",但他在1958年还是一个新手研究者,尽管他之后说自己一生都在研究它。[5]在加入明尼苏达大学之前,托伦斯是空军生存训练项目(Air Force's Survival Training Program)的首席心理专家,该项目是在朝鲜战争中的美国战俘(American Korean War POWs)被"洗脑"成共产主义者之后建立的。(因此,这已不是托伦斯第一次从美国关于精神健康方面的全国性恐慌中受益。)在此期间,托伦斯写了一本关于"审讯心理学"(The Psychology of Interrogation)的手册,描述了抵抗酷刑的技巧,还有一本关于喷气式飞机的,也被广泛阅读。[6]这些经历促使托伦斯思考为什么有些人能在逆境和陌生环境中成长,这为他给"创造力"下定义起了关键作用。托伦斯也有过与那些被困境打败的人交流的经历。战争期间,他的工作是为被开除的退伍军人提供咨询,在此之前,他曾在一所为问题男孩开设的学校担任职业顾问。托伦斯认为自己也是一个格格不入的人，他在佐治亚州的一个农民家庭长大，喜欢读书，身体也不够强壮。他开始相信，有些问题男孩与开喷气式飞机的人有很多共同的特点——坚强的意志、独立思考的能力、对规则和先入为主观念的漠视。托伦斯认为，那些被社会认定为失败者的人，往往是有天赋的人，他们的本性被他们无法遵守的专制规则所扼杀了。

在托伦斯看来，教育工作者传统上认为是好学生的人，实际上是那些墨守成规的人，"那些能记住大量信息数据的人，那些可能想讨好权威的人"。这些传统意义上有天赋的学生受到老师和学校领导的"认可和关注"，并给了他们所有的提升机会，而那些极具创造力的学生，其"时而放荡不羁的方式"让老师们感到困惑，更有可能在同龄人面前被"打倒"和被羞辱。卡尔文·泰勒也针对在《看客》上发表的文章接受了采访，他补充说，有创造力的学生的辍学率可能高于全国平均水平，而托伦斯则用明显的精神分析术语提醒道，对有创造力的学生的压制往往会导致他们对当权者带有"破坏性的敌意"。[7] 这不仅对学生很残忍，也是人类潜力的巨大浪费。他写道："有创造力的人被同龄人和教育体制的强压给扼杀了，这完全是不必要的。"[8]

托伦斯并不是唯一一个认为整个西方教育体系都是专制的人。在托伦斯组织的一次会议上，纽约大学教育学院（New York University's School of Education）院长乔治·斯托达德（George Stoddard）说，"在学校，许多教师和教材（盖有教师印章的版本）大都千篇一律"，"三百年的标准教学"已经

"造就了一批批习惯于条件性反射、重复性行为和屈于权威的人"。[9] 进步教育的倡导者长期以来一直反对死记硬背，认为它不仅专制，而且无效。现在他们担心对数学和科学的新关注可能会加剧这个问题。与此同时，即使是一些关注科技的改革者，现在也对停滞不前的思维问题产生了警惕性，因此，对严格纪律所持有的敌意，与关注劳动力发展和天赋儿童的思想产生了共鸣。所有人都同意，教育者的当务之急是在现代学校教育的纪律中激发出创造力。

于是，托伦斯给自己的任务是设定一个测试，通过让教育官僚们理解的方式，从创造潜力的角度重新定义"天赋"。许多研究人员曾怀疑研究儿童创造力的可能性。如何评估大学毕业生或普通工程师的创造力已经够难的了，因为即使是他们也还没能够创造出公认的具有明确创造性特征的作品。那么，小学生就更难评估了。但对托伦斯来说，这没什么好担心的，因为对他来说，创造力与产品无关，而与过程有关。虽然其他人将创造力定义为产生新的、有用的产品的能力，但他的独特定义却是："对问题、缺陷、知识差距、缺失元素、不和谐等变得敏感；能够识别困难，寻找解决方案，对缺陷进行猜测或提出假设；反复测试这些假设并尝试改进和重新测试直至最后得出结果。"[10] 托伦斯在早期的工作中，从未将他的研究主题描述为"创造力"，当时的大多数心理学家也没有这样描述，因为确实与生产东西没有实际的关系。但托伦斯在回顾时想到，正如他后来在创作教育基金会收集的口述材料中所说的那样，"我真的认为我们当时就是在研究创造力"，因为对他来说，就像在第三章中马斯洛所说的那样，创造力只是一种思维方式——它从来没有真正涉及任何特定的生产。[11]

马斯洛的定义基于先前的理论，例如沃拉斯的创造性思维阶段，这使托伦斯想到将创造力研究与教育心理学联系起来，因为与对顶级科学家、作家或建筑师的研究不同，心理学领域的研究不需要受试者取得典型的成就，而只需要"传达"出一个想法，这个想法可以像一句话那么简单，也可以像完成一件艺术作品一样复杂。事实上，托伦斯的定义根本不是一个真正的定义，而是一个关于创造力如何运作的理论。要真正研究这个过程或验证它，仍然需要给出某种指导性的定义，给出某种方法来证明谁有创造力，谁没有。这也是他必须做的。幸运的是，到1958年，许多研究人员已经开发出了一些"创造性能力测试"，这似乎让人有了一点希望。托伦斯就将这些应用于儿童研究上。

托伦斯后来打趣说，他成为一名心理测量学家纯属偶然。他研究儿童创造力时还没什么设计测试的经验，只是他刚好发现当下还没有针对儿童创造力的测试。[12] 所以他就设计了一个测试，主要是基于对儿童进行发散思维测试的吉尔福特电池法（Guilford Battery）进行改编的。在托伦斯前往佐治亚大学之前，这个测试最初被称为"明尼苏达创造性思维测试"（Minnesota Tests of Creative Thinking），之后简化为"托伦斯创造性思维测试"，由文字和图形两部分组成，附有标准表格和说明书供管理人员使用，其中包含了对每项任务的详细阐释和评分标准。文字任务包括根据内容简介想出书名等，图形部分则要求受测者根据不完整的图形绘出一系列完整的图案。例如，一个人打开测试题后，可能会看到由12个相同正方形组成的网格，每个正方形都包含一对相距1英寸（1英寸=2.54厘米）的垂直平行线，这种网格会有好几页。测试者可用铅笔把网格中的第一对平行线画成一对滑雪板，第二对画成一座摩天大楼，第三对画成一个滑稽脸上的长鼻子，第四对画成一个追强盗的警察，以此类推，持续10分钟。

TTCT测试从吉尔福特的16因素创造力模型（Guilford's sixteen-factor model of creativity）中简化出了4个要素作为评分标准（为了便于大量测评）：第一，流利度，指在规定时间内给出不同答案的数量；第二，独创性，指每次作答与其他人的区别；第三，灵活性，主要指多样性方面（即测试者是一直把两条平行线画成线笔画，还是也能画出各种家居物品、建筑、动物、动作场景、大的和小的东西或从不同角度看的东西，等等）；第四，精细化，即阐述细节的程度。测试管理员需尽可能避免主观判断。测试者如果只是把平行线条变成梯子侧面或房屋墙壁就显得没什么创意，但要是在梯子上加一只黑猫便会因设计有趣而得两分（一分加给猫，一分加给黑颜色这个设定），如果设计成一个燃烧的砖房，再通过简笔画，画出一个小人爬上去救另一个小人则会得到更多分数。这个测试不是在考艺术或语言能力，所以判断绘画和故事的水平不是基于艺术技巧或构图，也不完全靠一些主观的，比如审美、叙事深度或用语辛辣与否来评判，而是根据那些被认为反映了创造性思维的品质，如构思速度、聪明和想象力。

图5-1 托伦斯进行创造力测试，孩子们被要求想出改进玩具的方法（红砖的变体测试）E. Paul Torrance Collection, Hargrett Rare Book & Manuscript Library, University of Georgia.

为了验证他的测试——证明这些测试具有有效性——托伦斯对215名明尼苏达州的小学生进行了大规模的纵向研究，以7年、12年、22年和40年为时间间隔进行反复测试，看那些在三年级表现良好的学生是否会继续取得创造性的成功。但这种测试不得不对测试对象进行长时间的耐心观察。

托伦斯其实根本不需要通过科学研究去证明学校扼杀了创造力，但他在早期的测试结果中也确实发现了一定的证据，这些证据显示，孩子到了四年级，创造力测试分数就明显下降了。教育心理学家也发现，孩子在四年级左右开始表现出越来越强的社会习俗意识，关注规则，但能激发想象力的自由游戏玩得少了。这通常被认为是成长的必然过程，托伦斯却认为这有消极影响。他承认人的社会化有它的积极作用，但他认为过度的规则抑制可能会导致青少年将来"辍学、犯罪和精神崩溃"，这三点让关注美国青年人感到恐惧。

为了让创造力在四年级孩子或更大的孩子身上继续得以保持，托伦斯和他的同事们用改编自TTCT测试的一种练习培训了一组学生。在一项关于"不寻常用途"任务的活动中，学生们得到一个玩具——替代了传统的砖块——并要求他们尽可能多地想出它的不同用途。在另一个训练中，学生们根据TTCT的"产品改进"任务（托伦斯的目的是预测学生在白领职场中可能产生的创造力）对玩具马进行改造。也许不出所料，接受过发散性思维训练的学生在随后的测试中比没有接受过训练的学生表现出了更大的进步。从这些发现中，托伦斯得出了一个积极的论点：想象力的丧失虽然是"人类发展中不可避免的"，但通过精心设计的方法，继续保持并"发展""创造力"是可能的。

从识别到培养

有了这项研究，托伦斯成为在美国各校推进创造力培养的积极倡导者。他提倡课堂艺术，希望尽可能用开放式的作业取代简单的判断对错题，并鼓励创造性思维训练。他开发了一系列的课堂练习，包括一套讲述著名探险家故事的唱片集，以说明冒险精神和逆流而上的重要性。在西方社会的进程中，这些熟悉的人物身上所体现的绝不是传统意义上那种"创造力"，也没有人会知道他们在TTCT测试中会有什么样的成绩，但他们身上一定具有某种力量。在每个故事之后，老师会带领学生进行一系列的发散性思维练习。

在整个20世纪五六十年代，一些科学家认为创造力研究主要在于看到创造能力的存在，并认为其在很大程度上是天生和静态的，而另一些科学家的研究则是为了能激发或培养创造能力，这两者的关系一直很紧张。根据一位心理学家的说法，后者只不过是"倾向于依赖一些逸事的狂热者，他们的实验研究进行得并不好"。[13]亚历克斯·奥斯本和西德尼·帕尼斯等人来自工业界，他们通过传授"头脑风暴"技巧，激发出创造力缺乏之人的创造力。他们的主张逐渐进入学术圈，他们也找到了他们最棒的盟友之一托伦斯。托伦斯似乎没有感到天生拥有创造力和培养创造力之间的冲突关系；与孩子们待在一起，他们的创造力是天生的，但有被扼杀的危险，测试和培养创造力自然是同等重要的过程。1959年，第三次犹他会议的组织者邀请托伦斯领导一个关于开发创造潜力的新小组委员会，并将会议更名为"科学人才的识别和培养会议"（Conference on the Identification and Development of Scientific Talent）。最初对高层次科研人员感兴趣的卡尔文·泰勒在1964年写道，尽管创造力的可教性问题仍然悬而未决，但心理学家现在至少"确信所有人在某种程度上都具有潜在的创造力……（跨越）所有年龄、文化和领域"。[14]创造力的含义已经从一种天生的能力转变为更像某种技能性的东西。

美国教育辩论的穿针引线

托伦斯的工作在当时的教育政治领域尤为显眼。作为美国学校创造力的杰出捍卫者，托伦斯在教育鹰派和自由主义改革者之间，在进步教育的开放式探索和平等主义精神以及后斯普特尼克冷战需求（post-Sputnik Cold War needs）之间找到了最佳位置。在这一点上，他与当时被历史学家阿瑟·施莱辛格（Arthur Schlesinger）称为美国政治"重要中心"的政策知识分子们有着共同的敏感性，他们在个人自由与社会利益、平等与卓越之间寻求平衡。[15] "民主不是……邀请大家来享受共同的平庸，而是一种允许每个人表达并实现自己独特与卓越的体制"，约翰·加德纳（负责支持人格评估与研究中心创造力研究的人）在1958年洛克菲勒兄弟基金会一份广为流传的报告中写道。[16] 加德纳捍卫文科和进步教育，反对鹰派倡导的"严格专业化"，他坚持认为，"一个自由社会不能强征人才"，必须让个人选择自己的道路。他从管理的角度写道，"然而，当我们面临极其严重和复杂的问题时，一种未发现的才能、被浪费的技能或被误用的能力，可能对一个自由民族的生存构成威胁"。解决这种个人主义和社会需求之间紧张关系的方法是，美国学校不应再奉行一种平等主义，它们应该是多元化的：少数民族教育应该得到改善，不应过早对学生定性，同时，从国家的长远利益与发展来看，应更多地关注学生的天赋培养。学校课程的设立不应仅以维护共同文化和培养民主公民为目标，而应站在应对快速发展的社会人才储备的战略高度。"我们甚至不知道未来几年社会需要什么样的技能,"加德纳写道,"这就是为什么我们必须在通识教育领域培养我们的年轻人,让他们具备独立理解并能应对变化的能力。"[17]他的这个观点在几十年后仍然适用。

这些自由教育改革者试图调和教育历史学家大卫·拉巴里（David Labaree）所说的美国教育中三种相互竞争的理念,每一种都对应着不同的人才培养目标和学生群体。"民主平等"的教育目标将学生视为未来的社会民主公民,学校提供广泛的标准教育,旨在培养出见多识广的社会民众。相较而言,以"社会效率"为导向的教育理念把学生想象成未来的劳动者,学校主要培养学生在将来发挥某种经济性作用。以上两类教育都直接从社会利益的角度出发。第三种理念有着"社会流动性"的特点,它把学生想象成教育产品的消费者,学校教育使他们在劳动力市场上具备竞争优势。[18]战后学校改革的自由主义议程将这些融为一种多元化的理念,在这种理念中,个人主义和国家的发展相互成就,"一个自由的社会培养出自由的个人,不仅因为他可能对社会的进步做出贡献",洛克菲勒兄弟基金会的报告中写道,"而主要为了让他为实现自身的价值而做出努力"。[19]

虽然托伦斯经常以国家战略为由来证明他研究的重要性,但他也以一种温暖而真诚的态度表达了对学生在情感和经济上适应现代生活能力的关注。他认为创造性教育首先是"一种更人性化的教育"。[20]事实上他的观点是,美国不必在让学生加强学科专业化和输给苏联之间做出选择；创造型人才的培养既可以促进其个人意愿的实现，也可以通过培养创造性思维，而不是学习某个特定领域的专业知识，为美国的战略发展服务：

> "太空时代"正在迫使我们跳出旧的舒适圈。今天的学龄儿童将需要做很多事情。人类生存所面临的威胁促使我们思考人类会变成什么样子，并找到让儿童充分发挥创造潜力的新方法。今天的我们认为学校是为学生学习知识而存在的。我们说学校应该更强硬地让学生学更多知识。（但是）未来的学校却不仅是为学生学习知识而建立的，更是为培养学生会思考而设计的。人们越来越坚定地认为今天的学校和大学应培养会思考的人，会有新的科学发现的人，能为紧迫的世界性问题找到更充分的解决方案的人，不会被洗脑的人，能够适应变化并在这个加速发展的时代保持理智的人。[21]

要有创造力，首先需要具备的能力便是：会思考，能发现、发明和解决问题，不被洗脑和适应变化。托伦斯断言，学校的存在不是为了灌输知识，而是为了教会学生"思考"，这既符合一种古老的进步教育理论，也体现了一种对未来不可预测性的新焦虑。托伦斯认为，创造力本身就是一种超越根深蒂固的教育理念的力量。拯救美国学校的"既不是批评者，也不是辩护者，而是先知和前沿思想家"。[22] 托伦斯相信，他站在教育革命的前沿，而这场革命将反过来彻底改变整个文明。"由于人类思维，尤其是创造性思维的不断发展，"他写道，"我觉得，我们的后代来看60年代的人,会像我们看原始的穴居人一样,觉得质朴和野蛮。"[23]

父母和老师的英雄

托伦斯因坚持创造力的可教性而受到了来自教育界两个派别的批评,他认为这是不公平的。[24] 思想进步一些的教育家告诉他,他的发散性思维练习只不过是"操作性调节"(operant conditioning),更像是给机器编程,而不是解放人类思想,因此只是对真正意义上的创造力的空洞模拟。与此同时,保守派将他的方法与进步教育混为一谈,批评它们的纵容和自我放纵,缺乏具体的内容知识。但许多家长、老师和辅导员都觉得托伦斯的观点令人耳目一新。据托伦斯的传记作者称,仅在《看客》上的那篇文章发表后,他就收到了2000多封信,其中300多名教师要求其提供TTCT测试的副本,并且有10万名学生进行了测试。[25]

老师们很高兴终于有了一个工具来满足他们更富挑战性、更聪明的学生的需要。檀香山的高中教师玛丽莲·斯塔森(Marilyn Stassen)在美发厅里随意翻阅《红皮书》(*Redbook*)时看到了一篇托伦斯的文章,随后便兴奋地"从吹风机下面跳了起来"。她在信里写道:"我经常看到,高智商、守时、有组织、有纪律、'好'家庭的孩子并不总是富有想象力的……我一想到那些教养院的孩子们认为自己智商一般……手工灵巧度一般……什么都做不了,就感到沮丧。如果我们能告诉他们,他们是有创造潜力的，给他们一点尊重和老师的帮助就可能会改变一些少年犯的生活。"斯塔森还经常因为要处理那些想象力丰富的调皮孩子，以及与那些只想让孩子"正常"的抓狂父母打交道而感到无力。斯塔森希望，托伦斯的测试可以帮助教师们做出更客观的判断。"父母们相信这些测试，"她写道，"哦！这是可能的！"[26]

对于高中教师约翰·R.克劳利（John R. Crowley）来说，"至少有一个，也许是几个非常有创造力的孩子"的父母，在阅读托伦斯在《红皮书》和《读者文摘》（Readers' Digest）上的文章后感到被打了"一剂强心针"。克劳利倾向于"更成熟的进步教育理念"，他担心像他所在的新泽西郊区的学校正在"回到""第一次世界大战前"的做法，"学校是为天生的经济和社会条件优越的人准备的"，"有服从和得高分的压力"。和斯塔森一样，克劳利渴望证明"被轻视和总是制造麻烦的人往往是最有前途的人"。他写道："我经历了足够多的生活，认识到作为一个有创造力的人生存时需要那种内在的自立、独立和古怪性。""来自所谓正确轨道的普通B/A学生只会成为某个大型保险公司的又一名普通回形针订购商。"

许多家长从托伦斯的信息中看到了希望，认识到他们的"问题孩子"可能恰恰拥有创造力。"感谢上帝，我终于读到了这篇文章，"一个阿肯色州的母亲写道，"当生活在我身边的人都在告诉我你的孩子是'邪恶的'、'贪玩的'、'不合群的'，天知道托伦斯的观点对我们有多大的鼓舞力。"她在信中附上了她15岁儿子的照片，一个被领养的印第安男孩，"在阅读完你的文章后，我第一次觉得可以轻松面对关于儿子的一切"。虽然她和她的丈夫认为他是一个"可爱的孩子"，但他的老师却觉得他"固执""自以为是"。托伦斯的文章给了他们新的"希望"，"如果他的老师们能试着理解他和他的问题，就不会把他看成一个'懒惰、顽皮、不负责任的臆想家'，而是把他看作一个跟其他人一样的普通孩子，如果能被理解，他也会有出色的表现，像特洛伊人一样，为那些器重他的人工作"。

玛格丽特·马洛里（Margaret Mallory）在阅读了《红皮书》上的文章后写道："我感觉我是在读自己儿子的故事。"这与许多父母的感受产生了共鸣。她16岁的小儿子是"一个漂亮、友好的男孩，只是缺乏自信心"。由于早年身体残疾，他"一直被归为'差生'，一个'不愿承担责任'的学生，一个'对学习不感兴趣'的学生'"。他的美术和工艺老师预测他会在艺术或设计方面大有前途，但他的指导顾问——"一个完全相信语言和文字技巧的人"——却认为他"就是一个成绩差的学生"。马洛里和她的丈夫"对下一步该怎么做感到困惑"，"非常渴望在他高中毕业后能引导他往正确的方向走"。她问托伦斯在旧金山湾区有没有什么地方可以提供一种测试创造力的方法，她希望这能帮助她儿子理清对未来的思路。

一位布鲁克林的母亲告诉托伦斯，她10岁的儿子大卫"符合你对一个有创造力的孩子的描述，就好像你认识他一样"。大卫喜欢绘画、雕刻和收集动物，智力测试一般。但他也很"敏感"，有社交问题，"被嘲笑，被辱骂，是老师们眼里的麻烦鬼"，他们说他"与其他孩子不同"——"另类，不合群"。学校建议进行心理咨询，但孩子的父母有些迟疑。"心理疗法是会帮助他还是会伤害他，是要强迫他守规矩吗？"他们担心，"代价可能是他个性的丧失"。"拜托，"他的母亲恳求道，"如果纽约有人能给大卫做你的测试，或者给我们一些建议，我们将不胜感激。""最重要的是，我们希望儿子快乐。如果他在为自己创造的世界里是幸福的，那么我们也是。"

家长和老师们在托伦斯的测试中看到了这样的希望：在一个学生命运可能被武断决定的应试教育体系中，在一个对任何形式的"酷儿"都充满冷战式质疑（Cold War suspicions）的体系中，也许会有一个适合他们孩子的地方。当他们焦虑地看着劳动力市场日益被受过大学教育的白领所占据时，许多父母和老师从托伦斯的信息中找到了一丝安慰，即无论他们的孩子在社交、注意力或智力方面是过度还是缺乏，这个世界可能都会为他们提供一个特别的舞台。

∶ ∶ ∶

直到 2003 年去世前，托伦斯都一直是个充满激情的倡导者，致力于激发天才学生和所有学生的创造潜力。1966 年他到佐治亚大学后为贫困的、乡村的黑人和白人学生进行了一系列创造性思维训练。20 世纪 70 年代，他创立了"解决未来问题的项目"（Future Problem Solving Program），该项目一直延续至今，感兴趣的年轻人每年聚在一起，围绕未来的主题进行开放式思维竞赛。70~90 年代，他提出了将创造力融入任何学科领域的托伦斯孵化模型（Torrance Incubation Model）。其间他一直在《天才儿童季刊》(*Torrance Incubation Model*)和《创造性行为杂志》上发表文章，这都体现了他一直坚持既关注"优秀的孩子"，也关注"每个孩子"的态度。

托伦斯这一生的显著成就在于，他对美国学校应该培养什么样的人给出了一个新的、令人满意的答案。他的"有创造力的孩子"(creative child)体现了拉巴里理念中的三种潜力人才：思想自由民主的公民、技术熟练的工人和在快速变化的白领市场中具有竞争力的人。人们可以在有创造力的孩子身上看到想看到的任何一种可能性：潜在的火箭科学家、未来的诗人、天才或一个自由快乐的孩子。在托伦斯的心中，创造力既是对天赋概念的更新，也是一项新的技能，能使每个孩子都充分发挥他或她的某种潜力。在这两种情况下，创造力都被认为是一种高度个人主义的生产性思维，不是强迫性植入的，而是自由和不受阻的。因此，托伦斯巧妙地将冷战时期自由主义对从众的批判和保守主义对平庸及文明衰落的恐惧联系在了一起。

多亏了托伦斯的工作，从 20 世纪 60 年代开始，"创造力"成为美国教育界重新重点定位的一个关键概念。从艺术教育到"创意写作"课程，再到托伦斯提供的创造性思维技巧，其表现出的创造力都是一个概念，它独特地体现出了进步教育的个性化精神和为国家繁荣而进行的开放式探索。

# 麦迪逊
大道上的
革命

6

作为美国广告业的两大主要报刊之一,《印刷墨水》(*Printers' Ink*)在1959年1月发行的一期刊物上汇集了广告业面临的一系列令人后背发凉的问题。尽管每年的广告总支出正处于一个空前的时代——从1947年到1957年就增加了一倍多,而且在接下来的10年里差不多又将翻一番——但是从1958年开始经济衰退,广告预算缩减,广告界的高管们也不知道行业何时才会复苏。显然,越来越多的制造商怀疑广告是否有效,他们认为,广告代理商们需说清楚为什么本来可以用于销售或研发的钱要花在他们身上。人们普遍认为,这种质疑的来源之一是产品过度饱和——这是麦迪逊大道成功的一个讽刺效应——意味着每个广告都需要努力将其代理的产品特点凸显出来。文章里写道:"美国人平均每天会收到多达1500次广告。""在大众中闪耀的广告信息必须与众不同。"[1]

除了这些细节问题之外,广告的负面公众形象也是一个问题，万斯·帕卡德的《隐藏的说服者》(*The Hidden Persuaders*)横空出世之后，高管们一直在"烦恼"这个问题。自19世纪末开始，广告业就一直是怀疑论者和丑闻爆料者的目标。20世纪50年代，帕卡德引领了一股新的批评浪潮，与冷战时期的政治恐惧相吻合，说麦迪逊大道已经被一股顺从、没有灵魂的消费主义和准极权主义精神所操控。《印刷墨水》认为这个形象问题是一个真正的生存威胁，并将其部分归咎于联邦贸易委员会（Federal Trade Commission）的"强势打压"，以及在新成立的自由派国会下，参议院对其阴暗行为进行的一系列调查。

怎么解决呢？答案是创造力。《印刷墨水》宣称，创造力将是"代理机构进入1959年的关键"，并预测它将"扮演一个新的、更重要的角色"。[2] 旧金山一家广告公司的总裁沃尔特·吉尔得（Walter Guild）解释了"对创造性的重新重视"将如何解决该行业的多重困境。创造力首先将提高广告本身的质量。"太多的广告实在是太无聊了！"他的说法呼应了许多广告专业人士及其批评者的共识。客户"越来越渴望有'创意'的广告，而对其他类型的广告感到厌烦"。正如编辑们在那期刊物上所说，创造力是"使产品、活动、公司、广告或思想脱颖而出的力量"。[3]

吉尔解释说，只有将"有创意"的人——文案员和艺术家——从机构的专制中解放出来，才能产生"有创意"的广告。也正如《印刷墨水》指出的那样，麦迪逊大道正成为美国官僚主义膨胀的牺牲品。"并购狂潮"是指顶级代理机构竞相满足不断增长的客户需求（这些客户为了逃避反垄断法，正在进行自己的并购狂潮),导致出现机构迅速膨胀,团队不断扩大,中层管理人员增多,会议也更多的现象。[4] Leo Burnett 公司创意部门副总裁德雷珀·丹尼尔斯(Draper Daniels)[也是 AMC 电视剧《广告狂人》(*Mad Men*)中唐·德雷珀(Don Draper)角色的主要灵感来源]认为,这种情况很像威廉·怀特描述的企业资本主义的总体困境,即天才企业家被成群的保守派经理打败。丹尼尔斯抱怨说,美国"是建立在那些连今天的低层管理会议都无法通过的理念上的"。广告人的典型公众声誉强化了这种古板的形象。在一个由简报、回忆录、小说和电影组成的真正的家庭手工业中,广告界的男人成了官僚组织里男性的缩影:一群穿着传统灰色法兰绒西装,没有骨气的顺从者。[5] 在该行业内部,一场针对"研究人员"的反抗正在兴起。这里的"研究人员"指试图依据科学通过焦点小组和民意调查,对艺术和文案指手画脚的市场研究人员。丹尼尔斯写道,"那些建立美国商业的杰出先驱"已经走了,"取而代之的是谨慎、看守式的管理团队……它们有一批研究人员和营销专家,它们装备精良,除了新想法之外,能制造出世界上任何东西"。[6] 丹尼尔斯清楚地看到了官僚主义的膨胀和所有关于创造力的言论之间的关系:"机构越大,会议越没完没了,我们越谈论创造力的必要性,我们的创造力越缺乏。"[7] 未来,吉尔希望,"宣传时少点饼状数据图,多强调点我们的'创意力量'"。

至关重要的是,解放创意人员不仅会改进广告本身,还会改善整个行业的形象。这些新晋的杰出创意人士将"广告置于应有的专业水准上",为其赢得应有的自信和尊重,因为他们帮助建立起了史上最高生活水平的行业"。吉尔希望，通过拥抱创意，广告业也能够在美国的经济繁荣中，与其他工业一样，占据应有的地位。他声称，如果客户不过多插手，放手让创意人士去完成，他们就会创造出"充满活力和富有成效""不那么沉闷""真正有新意"的广告，这"对客户自己、长期饱受劣质广告轰炸的大众以及高贵的广告行业都有巨大的好处"。[8]

当广告商试图制造更多的新奇事物来对抗大众社会的质疑时（某种程度上来说也是他们自己制造了这种质疑），"创造力"听起来既充满希望，又更纯粹。它将重振这个行业，帮助其扭转曾经沦为企业商托儿的公众形象，进而成为真正的梦想家和反传统者，从内心麻木的消费社会中的冷酷者转变为消费者世界中的理想英雄。创意的概念将使消费者的购买欲变成一种个人和品质的追求。它将使资本主义不再成为个人主义和批判主义的吐槽对象，同时还能将反消费主义的批判有效地转化为更多的消费。

这种转变的推动者将是"有创造力的人"：他们介于艺术家和推销员之间，不完全为商业站台，致力于自己的内心愿景，同时又能满足客户的需求；他们将带着叛逆的个性使资本主义人性化，这也是其最终的价值源泉。也正是在这些年里，"创意人"（creative man）这个词从一个单纯的定义变成了一种人格类型。将对传统意义上有创造力的人的刻板印象与新心理学研究结合起来——如我们所看到的，其本身也受到了现有既定印象的严重影响——广告意义上的"创意人"和心理学意义上的"有创造力的人"融合成了一个新颖的英雄式形象，可以超越广告界和整个美国企业的官僚主义。这种富有创造力的人本身就是麦迪逊大道独特的卖点,迈出了最好的一步,也是这个行业的一个转喻,因为他们努力证明着自己对行业和社会的价值。

所有这些关于创造力讨论的高潮带来了一场关于美学和企业组织架构的剧变,这在当下被称为"创意革命"(creative revolution)。广告史上这个曾经的高光时刻仍然被看作一个充满希望的寓言故事,也常在商业和市场营销的课堂上被提及,那是一个在从众的社会中,创意被释放出来的辉煌时刻。但是,如果我们把它看作创造力概念本身首先得到固化的时刻呢?与其将创意视为一种曾经被压抑、现在随时可能爆发的东西,不如将其视为一种广告界的新思维事物,可以包容战后美国的多样性和各种矛盾,使广告业成为战后美国最具代表性和象征意义的行业之一。这应该更有启发性。

迎头赶上

如果我们想问广告业是从什么时候开始拥抱创意的,可追溯到1958年4月初在纽约市华尔道夫酒店由纽约艺术总监俱乐部(Art Directors Club of New York)组织的招待会。会上500名广告精英齐聚一堂,讨论当时大家都在谈及的创造力。这次会议的组织者保罗·史密斯表示,他觉得"广告行业非常有趣,它雇用这么多高薪的创意人员,如此高度依赖着创造力……而广告人却对这一现象知之甚少"。[9]事实上,正如史密斯所指出的,广告业雇用了许多诸如视觉艺术家、作家、摄影师、平面设计师、音频制作人、音乐家、演员等人员。这些人自20世纪20年代开始，被统称为"创意"人员，与传统意义上的产品销售员不同，产品销售员曾经是该行业的根本，他们被称为"账户"人（"acount" people）。尽管关于优秀广告制作的艺术和技术已经有了大量的文章——比如怎样写出有效的文案，如何呈现视觉效果，如何筛选有效的信息和图像——但史密斯所指的创意是不同的，如同《印刷墨水》在其会议记录中所称"一个人的创造力"，不仅仅指制作广告的技能，还指一种基本的才能。近年来，心理学家和管理专家对创造力进行了很多研究，史密斯认为，广告业可以从中学到一些东西，并学以致用。

纽约的这场会议名单里包括了一些广告行业的名人，如索尔·巴斯，第二章里提到了他对头脑风暴进行的攻击，之后他分享了对创意视觉传达（Creativity in Visual Communications）的想法。也有来自广告业以外的嘉宾，比如斯坦福大学的约翰·E. 阿诺德，作为通用汽车交流火花塞的项目负责人（该项目很大程度上借鉴了奥斯本的做法），他谈到了创造力在工业领域发挥的作用；此外还有著名的精神分析学家格雷戈里·齐尔伯格（Gregory Zilborg），他汇报了对创造性人格的研究。与会者还了解到了出现在科学、音乐、市场营销等领域的创造力以及创造过程的特质。爵士乐大师埃迪·康登（Eddie Condon）和他的管弦乐队的现场表演，为人们展现了现场灵感带来的即兴音乐。大会交流的内容就像邀请函里的各界名流一般领域广阔。在会议结束的最后一天，唱片制作人乔治·阿瓦基安（George Avakian）问道："现在有人知道'创造力'是什么了吗？"当然这个词的真正含义仍然没法在任何一个发言者的定义中被明确，但其却蕴含在会议的形式中了，它不仅仅限于艺术，还包括科学和技术领域。

史密斯承认，对科技创新的高度重视刚开始可能会让广告界人士感到奇怪。但他说，各个领域都需要创造力。"所谓的'艺术'思维和务实求真的科学思想"其实没有什么区别。他的发现有可能让麦迪逊大道重新审视自己，也让其他行业开始重新思考该如何看待广告人：

> 在过去，头脑冷静、务实的科学和商业人士往往低估了创造力。他们认为有创意的人都是行为怪异的疯子。他们戴贝雷帽，穿罩衫、棉绒休闲裤和帆布运动鞋，淋着雨行走，崇尚自由恋爱，却在阁楼里挨饿。但最近他们开始有了不同的观点。许多人已经认识到，无论是画一幅画、创作一首诗或交响乐、发明一种新的喷气推进系统、开发新的营销技术或研制新的药物，整个创造的过程都体现了一种共同的创造能力……艺术和科学重新意识到它们其实一脉相承。[10]

正如我们所看到的，这种有着普遍意义的创造力或创造过程对那些在科学技术领域工作的人很有吸引力，他们有了可以释放个性的空间，不必担心被认为自我放纵或不切实际。在广告业，它也发挥了类似的作用，艺术家和作家也不再让人觉得如刻板印象里那样自我放纵或不切实际，他们的状态被"合理化",也让"精明冷静的"的老板和客户吃了定心丸,相信他们不是轻浮不靠谱的波希米亚人。

如何让一个有创造力的人保持创造力

《印刷墨水》也对华尔道夫·阿斯特里亚会议(Waldorf Astoria conference)进行了报道,一篇题为《如何使人保持创造力》的文章中恰当地总结了对创造力突然产生兴趣的主要动力:管理层。也就是说对创意过程进行理论提炼的并不是普通的创意人员。例如,该杂志于1960年新推出"创意"(Creativity)专刊时,特别邀请了撰稿人分享他们的"创意理念",可文案员和艺术家们通常讨论的却是文章字数多少合适,视觉层次如何可以更精细。正如一句古老的俏皮话所说,当艺术家们聚在一起时,他们谈论的不是创造力,而是油漆的价格。不管他们是想要保守自己的创作秘密,还是真的对这个问题不感兴趣,引导讨论创造力的绝不是创意人员自己,而是管理这群艺术创作的人。但是管理层的不断增加又如何"让有创造力的人保持创造力呢"?正如广告界最著名的人物之一皮埃尔·马蒂诺(Pierre Martineau)所言,"只是挂个'创意部门'的牌子……并不能产生真正的创造力"。[11](马蒂诺的这一信念可能受到了奥斯本的影响,显然他认识奥斯本;他曾于5年前参加"用创意解决问题"研讨会,并且加入了"青少年犯罪头脑风暴小组"。)[12]

大多数关于"如何正确理解和处理"创意人员的建议都提倡一种自由放任的方法:"让一个有创造力的人发挥创造力的方

法就是使他保持创造性。"[13] 在 1958 年 6 月一篇名为《有创造力的人：他的情绪和需求》（"The Creative Man：His Moods and Needs"）的文章中，一系列广告公司高管提出了他们的建议：创意人员的工作时间应该灵活。"如果有人想在家工作，或者白天请假去中央公园坐坐，也没关系。"[14] "从事创造性工作的人"不应该再承担行政职责，与其他员工相比，管理者对他们的要求应该更灵活："如果你能让文案撰稿人变得像艺术家一样有创造力，那么你就能得到如艺术作品一般的文案。"我们可以用新的心理学来解释为什么这些方法是必要的。在《科学了解有创造力的人》（"What Science Knows about Creative People"）一文中，保罗·史密斯阐述了吉尔福特等人的研究理论，认为有创造力的人"在态度上比那些没有创造力的人更不专制、更不传统、更不保守"。他们"不仅不擅于行使权力，而且也不太盲目地接受权力"，这使得灵活的管理艺术非常必要。矛盾的是，尽管创意人员对自己的想法非常自信，也不太在乎别人的意见，但仍应避免在他们工作时给太多的批评或压力。"过度的激励或焦虑会扼杀创造力……高压的评价氛围也是如此"，"宽容的氛围能培养创造力"。[15]

广告人经常把"重拾创意的兴趣"说成一种复兴，一种对广告艺术的净化，是广告行业黄金时代的回归。20 世纪 20 年代，在其声名狼藉和政府监管的双重压力下，广告公司把广告弄成了艺术品，他们聘请了著名的工作室艺术家，为这个行业赋予了优雅和体面，甚至承担起了社会责任。当预算在经济大萧条期间大幅下降时，广告又回到了简单、务实又就事论事的风格，还结合了许多其他的营销策略，如捆绑销售、优惠券、赠品和直邮。创意派希望 20 世纪 60 年代能出现"最初意义上的广告"，不让它"因随意地被贴上一个营销标签而黯然失色"。[16]

像战后许多知识分子和其他从事创造性工作的人一样，广告人也有着自己的科学和理性批判。他们相信他们的行业被某种科学精神指引。事实上，随着其他行业和美国社会的发展，直到 20 世纪中叶，广告业一直在精心培养这样一种观念：广告业是一个体面的行业，正如一篇报道所说，它已经"达到了一门学科的地位"，"基于固定的原则"和"一套可践行的正确方法"。[17] 在 1957 年出版的《美国麦迪逊大道》（*Madison Avenue, U.S.A.*）中，该书作为对帕卡德的有力反驳，专门提到了 J. 沃尔特·汤普森广告公司（J. Walter Thompson agency），称其尽管运用科学方法，对每个广告进行了仔细的研究、统计分析和审查，艺术家和广告撰稿人却拿不出最终方案。正如历史学家斯蒂芬·福克斯（Stephen Fox）所写的那样，整个行业都认为：现在的广告宣传是基于"人口统计学，有具体的统计数据，而不是坐在电脑前去幻想"。[18]

肯定"创意革命"的人却持不同意见，"广告业也有很多伟大的技术人员"，比尔·伯恩巴赫（Bill Bernbach）说，他是一个打破传统的文案撰稿人和创意总监，以为自己的团队提供发挥空间而闻名，"他们了解所有的规则……他们是广告领域的科学家。但有一点，广告的本质是说服，而说服恰好不是一门科学，更应该是一门艺术"。[19] 伯恩巴赫认为不需要什么研究讨论小组，更多的是靠直觉："我们将所有东西先用于自身试一下，如果我们喜欢,那说明东西不错,如果连我们自己都不喜欢,那说明这个东西糟透了。"[20]还有一些更温和的声音往往认为对广告进行过度的研究已经超越了行业本身的界限。"好的广告是两种截然不同的头脑的产物",广告业资深政治家欧内斯特·埃尔莫·卡尔金斯(Earnest Elmo Calkins)呼应了亚历克斯·奥斯本的观点,他写道:"一种是有序的、系统的商业头脑,另一种是自由、富有创造力的头脑。"而后者才是"赋予广告生命、意义和结果的动力的源泉"。"初步的数据统计——市场调查、测试、评级——这些是有帮助的,"他写道,"但它们缺少了最基本的要素——点子。"点子不可能"在外出调研或实验室中产生",而是"通过本能、直觉自发地涌现出来"。事实上,卡尔金斯认为,好的点子都是恰好成功躲过科学和商业会计逻辑的:"点子是无法衡量的,也无法讨价还价。"[21]有创造力的人虽然坐在办公室,但其大脑可能早已跳脱到公司以外了。

那群"异类"

企业开始理解并将"有创造力的人"纳入其文化和管理理念意味着其已经接纳异见和革新,同时还能保留其原有的企业运行机制。在20世纪早期,广告人偶尔会想想客户经理和创意人之间的区别,后者时而不太可靠,如"波希米亚"人一般自由不羁。但在战后时代,这种不同变得愈发明显,两大阵营在争执中互相攻击。乔治·洛伊斯(George Lois)是一名受过普拉特训练的"艺术家",偶尔会对那些胆敢不尊重他作品的人进行人身攻击。他在谈到那些客户经理时说："他们不喜欢我们的工作方式、说话方式和穿着方式。他们对广告一无所知，也不知道广告是如何制作出来的。他们压低了这门生意，助长了不良广告的泛滥。"[22] 1960 年，在创意革命的标志性动作中，洛伊斯厌倦了他的行政管理角色，从道尔·丹·伯恩巴赫（Doyle Dane Bernbach, DDB）中分离出来，成立了 PKL，这使他能够专注于创意类的工作。

为了在一定程度上防止此类人才的流失，许多公司开始重新排列组织架构，将有创造力的人从层层官僚机构的束缚中解放出来。许多人借用了 DDB 采用已久的模式，即文案团队和创作团队紧密合作，并不完全与管理层分开，这样他们的构想能完整呈现出来，而不被那些时常相互对立和愚蠢的小道消息所影响，挫伤积极性。[23] 1958 年，李奥贝纳公司提拔了一批创意人员担任高管以"充分保证公司的创意个性"。[24] 李奥·贝纳说："有创造力的人是当下的风云人物，是时候给予他们应得的尊重了。"企业应以"手握铅笔之人"（the men with the pencils）为中心。[25] 到 20 世纪 60 年代初，顶尖的创意人士开始从原来庞大繁复的集团中离开，成立"精品店"或"热门商店"，拥有的资金虽少，却自信满满，充满创造活力。这又反过来促使大公司不惜重金将他们吸引回来，再通过在企业内部设立"智能库"或"创意岛"，为他们提供发挥创意的平台。

但这群人的创意能自由发挥到何种程度实难界定，客户是否会喜欢这些创意人放荡不羁的态度，在这些方面存在很多分歧。事实上，许多人担心，对创意人的尊重往好了说是效率不高，往坏了说简直就是对这个行业的侮辱。资深广告人大卫·奥格威认为头脑风暴只适合"懒人"，他坚持认为，那些广告文案人员只是"假装他们最喜欢独处，可完全自由创作，但他们真正想要的却是巨大的压力和干扰"。[26] 另一位高管说"他们不是在阁楼里写作或绘画，真正有创造力的人需要自律"。

创意革命的反对者经常把"艺术创作"视为一种软弱的精英陪衬，以衬托他们实际的事业。一家全国性广告公司的董事长阿特·塔瑟姆（Art Tatham）在《华尔街日报》上刊登了一则广告，称自负的美学家在他的公司里没有立足之地。这些美学家在面对批评时，会感到"他们脆弱的自尊心被从事商业的匈奴人踩躏了，……我认识的所有有创意的广告人都在一个自我放纵到令人发指的所谓的创造性环境中生活和工作"。真正有创造力的人，"他继续说，"不是在自我表达中获得成就感——为了艺术而艺术——而是在通过创造才华在下个月的销售曲线上留下印记中获得成就感，绝非只图留虚名于后世。"麦肯公司（McCann Erickson）董事长兼总裁马里昂·哈珀（Marion Harper）称，"对广告创意的狂热崇拜"是"浪费时间"，他指出，客户不会因为华丽的杂志或电视广告就花费数十亿"。所以准备广告的人不应该在"有创意的五月花柱"（Maypole of Creativity）上花费太多精力"。[27] 艾尔弗雷德·波利茨（Alfred Politz）是科学市场调研和"广告合理性"的杰出倡导者，他认为那些声称公司规则扼杀了他们创造力的广告人"让真正的艺术和科学领域的创意天才感到尴尬"。[28] 他写道，"创造性"一词的真正含义是"想象力的高级形式，需通过遵守严格的规则和满足实际条件来有目的地实现"。[29] 有趣的是，这些人反对的并不是创造力本身，而是反对这个词时常被用来为他们所不齿的自由论调做辩护。他们没有要否定这个词，而是想重新定义它。"在我们的业务中，唯一重要的创造力，"塔瑟姆宣称，"在于是否解决了销售和利润问题"。[30]

尽管双方都有意见极端的人，但在提倡"创意革命"期间，大多数企业管理者还是倾向于平衡且中和极端的意见，为愤世嫉俗的不羁之人（像波希米亚人那样）和懦弱的"服从者"穿针引线，搭上沟通桥梁。正如史密斯在华尔道夫酒店所说，创造力不仅属于"疯子"，也是务实的人所应拥有的一种"基本能力"。"创意革命"既是发挥"波希米亚灵感"的过程，也是让自己不过分依靠"波希米亚灵感"的过程。"创意"是运用"波希米亚精神"来促进商品的销售。因此，真正有效践行"创意革命"的人仍然是比尔·伯恩巴赫也就不足为奇了。正如我们所看到的，他独立制作的广告，绝非一种肆意的艺术上的自我表达，而是功能主义和克制主义的实际表现，最重要的是，这些广告的创作艺术对大众有极大的吸引力。

对于该如何恰当地关心和培养"创意人才"还没有达成一致意见，但几乎每个人都认为这群人很与众不同。一位高管写道："你不能用一种普遍的认知去定义所有人，也不应对所有人运用一套相同的基本法则。"你唯一能得出的总体结论是，有创造力的人受到的对待应有所区别。"或者就像德雷珀·丹尼尔斯说得有些模棱两可那样，"我们往往不太能分清哪些人属于'有创造力的人'"，[31] 从经验丰富的经理的角度来看，管理一个艺术家或文案员并没有所谓最有效的方法，就跟管理一个会计、秘书或看门人也没有最好的方法一样。然而，即便如此，他们还是坚信"有创造力的人"从某种意义上来说确实是很独特的。

从某种意义上来说，有创造力的人是广告业内部的"异类"，是广告业内过度理性思考方式的一剂解药。捍卫创意人自主权的重要性远远超出了单个公司的范畴：美国资本主义的命运取决于它。1960 年，杨鲁比卡姆广告公司（Young & Rubicam agency）在一个著名的广告中宣扬了其自由放任的创意理念，广告描绘了一个男人，一只胳膊像树懒一样悬挂在树枝上，脸上带着满足的微笑。文案副本如下：

> 你是个有想法的人，你爱上这个想法了。你可以大胆去尝试它，而不必担心任何人会把它砍掉，甚至嘲笑它。如果这是公司的政策，那就是好政策。它解放了人们的思想，鼓励其去大胆尝试。这种尝试会产生新的想法……新的点子。人们想要的就是好的点子。毕竟，消费者愿意花钱买的并非产品本身，而是产品背后的理念。消费者买的就是理念。[32]

这张图片可以看作杨鲁比卡姆广告公司创意人的栖息地，一语双关。在熙攘嘈杂的商业环境中，他能拥有一块静地，愉快地创作，助力商业运转。这则广告看似针对那些寻求宽松环境的潜在雇员，但它实际上是在更大程度上说明广告在美国资本主义中的重要性：由不受约束的创意人士带来的广告业是利润的最终来源。

对制造欲望的救赎

人们花钱买的是创意而非产品本身，这是当今品牌设计的核心理念，但在当时是一种令人震惊和不安的想法。从某种意义上说，这是广告业用来区分那些本质上相同的产品的方法，但传统意义上，这一方法受限于一个更大的信念，那就是销售是或至少应该是，关于产品本身的。这一理念在该行业占据主导地位的"原因"是，理性的消费者购买产品是因为它们的特点——清洁速度快一倍，吸烟更顺畅，拥有专利技术等——而广告商的角色是需要传递这些信息（哪怕必要时编造信息）。但是在经济富裕的年代，单纯仅依赖消费欲望而进行生产似乎已经不够了，需要一种超越产品使用价值本身的消费者行为新理论。

广告作为消费主义的仆人，一直在努力抵御新教对虚假需求的质疑，但整个战后经济似乎都依赖欲望刺激生产，这一事实让批评者深感警惕。经济学家约翰·肯尼斯·加尔布雷斯（John Kenneth Galbraith）写道："事实上，人们的需求如果可以通过广告的推销术催生，能在说服者的有意操作下形成，这表明他们自身的需求并不是非常迫切。"[33] 他认为，一个不受缚于现实需求的社会容易缺乏道德导向和高尚的目标。传统意义上的广告合理性在于其推动消费支出，促进经济增长，这在许多人看来是有说服力的，但对于狗摇尾巴式的指责，广告业需要更好的应对。它需要找到一种让每个人都感到舒适的方式，让所有固化的想法消散。

其中一种方式就是让广告变得虚无缥缈：广告不仅促进人们购买产品，它还赋予这些产品以意义。实际上，正是这种意义带来的愿景使资本主义消费成为一种对品质的追求，甚至变成了人们实现自我的方式。

具有讽刺意味的是，只有市场研究的奠基人和对广告坏名声负首要责任的人，才可能提出创意广告不仅是经济繁荣的手段，更是民主自由和自我实现的手段。欧内斯特·迪希特（Ernest Dichter）逃离纳粹德国，成为《时代》杂志所写的"第一个将真正科学的心理学应用于广告的人"。迪希特在他创立于1946年的动机研究所（Motivational Research）里，运用伪弗洛伊德分析（pseudo-Freudian analysis）来测试消费者，帮助生产商挖掘潜在美国消费者中的"隐藏的欲望和冲动"。[34] 万斯·帕卡德却对用深度精神分析法来销售连裤袜的反常做法感到担忧，他认为迪希特成了令美国人非常不安的隐秘说服者。几年后，迪希特也成了贝蒂·弗里丹《女性的奥秘》一书里谴责的对象，该书指责迪希特为了让女性待在家里消费而"刻意淡化了她们的真正需求"。迪希特坦率地向弗里丹解释："如果引导得当，美国的家庭主妇们可以通过购买相应的产品获得身份认同、目标实现、创造力、自我价值，甚至是她们所缺乏的性乐趣。"正是迪希特指示了生产商将脱水的鸡蛋从即食蛋糕粉的配方中移除。因为添加一个真正的鸡蛋的简单行为也会给家庭主妇"一种创造性的感觉"，并缓解人们对女性艺术失败的根深蒂固的焦虑。但弗里丹认为，这只不过是"在商业社会里对美国女性生活的颠覆"。35

在迪希特看来，说服人们买东西不是欺骗，而是一种公共服务。正如他所说，所有对消费主义的担忧都来自美国文化中过时的"清教徒式"（puritanical）理念。节俭、节制和延迟满足可能对前几代人有益，但在现代社会，它们不仅过时，而且具有威胁性。他写道，如果没有大规模消费，"我们的经济真的会在一夜之间崩塌"，所以经济繁荣的真正推手不是刺头的道德家，而是那些"捍卫购买权利的个人"，他们是"积极人生观的真正捍卫者，也是民主的真正促进者"。

像那些犹太流亡者一样，包括赫伯特·马尔库塞（Herbert Marcuse）和西奥多·阿多诺（Theodor Adorno），迪希特认为资产阶级的自我克制是极权主义兴起和西方诸多精神和政治障碍的罪魁祸首。但是迪希特也相信，如同其他一些犹太流亡者，包括路德维希·冯·米塞斯（Ludwig von Mises）和彼得·德鲁克一样，极权主义的兴起证明了市场体制的正确性。36 在这些战后犹太知识潮流有力而又独特的融合中，迪希特坦率地倡导了商品拜物教。

在迪希特看来，通过消费获得快感并不虚假或肤浅，它能有效减少那些破坏社会的行为，也是推动市场繁荣的一种动力。他经常引用亚伯拉罕·马斯洛的观点，认为西方社会正从粗暴的竞争进化到一种更倾向自我表达和实现的模式。如果迪希特能帮助制造商和广告商"把性欲放回广告中"，让他们明白，当男人买汽车时，他们实际上是在买一种如同外遇的快感，这对汽车销售人员、数百万人的婚姻和美国经济都有好处。[37]

对迪希特来说，"创造力"是让营销人员实现这一壮举的方式。尽管迪希特最初以"科学"为由研究营销动机，但到了 20 世纪 50 年代末，由于受到高精计算机带来的定量市场研究的威胁，他开始辩称自己的方法更"有创造性"。他说，定量研究方法是"肤浅的"，而他的方法是"定性的、阐释性的，甚至是诗意的"，能直指消费模式背后"更深层和更情绪化的因素"。[38] 同时它也很有创造性，因为它必然会带来意想不到的结果。"描述性研究"是为了弄清楚谁消费了产品，消费了多少，以及何时消费，但当"你想改变或改善"消费者行为时，"你需要研究创造性的技术"。于是，"创意广告"就是赋予产品意义的艺术。"最基本的事实是，"他写道，"香烟就是香烟，肥皂就是肥皂……在香烟成为好彩香烟（Lucky Strike）或波迈香烟（Pall Mall），或者比其更具吸引力的香烟之前，消费者对它的看法必须改变。"这种感知上的变化不是科学家的工作，而是艺术家的工作，他们致力于人类意识的想象和情感领域，而不是单纯的"因果"，或粗糙的、重复性的行为主义逻辑。"创造力"，他在 1959 年写道，应该成为"60 年代的信条"。

他在一篇鲜为人知的后记中提到，迪希特对创造力的概念非常着迷，并渴望转向定量研究，以至于他把自己重塑为一名创意顾问，成立了欧内斯特·迪希特创意有限公司（Ernest Dichter Creativity, Ltd.）。他开始举办为期 3~5 天的"创意研讨会"，向行业组织发表关于"创意乐趣和利润"的演讲，并出版了一套名为《日常创造力》（Everyday Creativity）的教学磁带。[39]订阅者将学习"迪希特博士的十二步创造力法则"（Dr. Dichter's 12 Steps to Creativity），该法由已有的创造性思维方法拼凑整合而成，包括奥斯本的方法和集思法（他的论文还包括在剑桥参加的为期一周的集思培训的行程和地图）。迪希特反复提到"别随意设想艺术家"：这本精美的日常创意手册上有一位芭蕾舞者、一位雕塑家和一位油画家的照片，上面有两位高管自信地在城市街道上昂首阔步。"艺术家称之为创造力，"里面的文本写道，"高管们称呼它为……成功。"目前还不清楚迪希特在职业生涯后期的转变如何。他保留着大部分的磁带，似乎只做了几次关于创造力的培训。在他的职业生涯里，他一直在预测消费热潮，遗憾的是他没来得及赶上创造力的热潮。

总之，迪希特的观点是，广告行业是通过"创造力"——文案撰写人像诗人一样去幻想——来表达消费者真实的愿望的。在一个经济繁荣的时代，掌握情感和精神需求的"创造性"专业人士将是经济价值和更深层价值的来源。因此，创造力的语言可以将欲望的生产从一种违背自由民主价值的罪恶，转变为一种高尚的、对社会负责的追求。

创意革命和反主流文化

《新闻周刊》1969年8月19日的封面赞美了"广告的创意潮"（Advertising's Creative Explosion）。照片中，留着胡子、穿着时髦的潮人脚跷在桌子上，围坐一圈讨论环球航空公司（TWA）

和维珍妮凉烟（Virginia Slims）的账目。这张封面照片展现了"创造力已经从作家的小隔间和艺术家的钢笔中释放出来了"。那些"长期引领广告业的精明人……不得不让位给那些富有想象力的、不按常理出牌的人，这些人负责输出新颖的点子"。广告自身融入了迷幻的图像、时髦的术语，甚至是一种眯着眼睛的反消费主义态度，这种新型的审美和态度反映了年轻人的转变，从而吸引世界上最富有、最具怀疑精神的一代人。历史学家和市场营销教科书通常会呼应这种现象，将这场创意革命与一系列新涌现的时髦的、激动人心的广告联系在一起，这些广告是由一群独当一面、有远见卓识的人制作的。这些人接管了大公司，给麦迪逊大道带来了一种反主流文化的敏感性。就像《新闻周刊》上的那篇文章一样，他们提出了一件极具讽刺意味的事情：正是由于这些反商业运营的人的重新整合，广告业才在经历了逐利和公众形象受损的几十年后再次繁荣起来。[40]

据过去60年来每一堂营销课上讲的，这场创意革命始于1959年DDB宣发的一系列大众广告。当时仍处在第三帝国的德国大众（Volkswagen）需要打入美国汽车市场。汽车行业是当时推动美国经济无可争议的马达，而美国的"三大"汽车制造商每年都推出新车型，还配备了越发稀奇的小发明和如火箭尾翼般的太空装饰。因此，简单实用的德国大众汽车似乎少了点市场吸引力。但是，比尔·伯恩巴赫看到了机会。

伯恩巴赫察觉到公众对不断涌现的精美汽车广告和其所代表的肤浅的消费社会感到厌倦，更渴望一种纯粹的直接与真诚。他把典型的风格化的图纸换成了中性背景下简单的黑白照片，用实用的赫维提卡字体（Helvetica font）印刷，当时这种字体因整体风格过于低调很少用于路标和说明书之外的东西上，一个不够时尚的大众汽车宣传广告反而暗示了它的稳定性能和低调实用。广告中央画了一辆甲壳虫（Beetle），标题为第"51""52""53""54""55""56""57""58""59""60""61"代大众。另一个广告则将汽车视为身份的象征："如果你想展示自己的成就，那就买一辆漂亮的大战车吧。但如果你只是想去某个地方，那甲壳虫足够了。"这有两个巧妙的暗指——第一个指1958年被大肆宣扬却命运多舛的福特埃德塞尔（Ford Edsel），其广告宣传直白表达了地位意识（"说明你出人头地了"）；第二个指向1959年流行的反汽车工业的长文《傲慢的战车》("The Insolent Chariots")。DDB幽默的"反广告"广告将大众定位成"反不实用汽车"的汽车制造商，与明智的司机一样厌恶空洞消费的实业商。[41] 正如托马斯·弗兰克（Thomas Frank）巧妙概括的那样，他们的新定位本质上"与从众消费和具有虚荣心理的大众社会不同，我们能为你提供的只是一辆车"。

DDB的大众广告立即成为经典，受到业界的喜爱，不仅因为它们在一个竞争极强的领域成功推出了自己的产品，还因为它们似乎体现了一个基本的准则。他们证明，像伯恩巴赫这样的人可以将反体制情绪成功化为有效的广告，甚至可能将反消费主义情绪转化为更多的消费。[42] 当嬉皮士开始寻找从A到B的交通工具时，他们已经知道哪辆车适合他们，这并非偶然。[43] 也许这次旅行会把他们从谢克海茨带到海特，或者到麦迪逊大道。创意革命向具有人本主义倾向的年轻人表明，没有必要"辍学"去寻找令人满意的工作。人们可以在市中心舒适的公寓里培养自己的创造力。在广告界的传奇案例中，DDB 的大众广告成为创意革命的象征，因为它体现了"创意"脱颖而出的多种方式——广告的独特性，艺术的创新和模仿，不拘泥于成规的态度，这为麦迪逊大道现代资本主义的弊病提供了解药。

创造力不是麦迪逊大道推崇的嬉皮士价值观。当然，麦迪逊在 20 世纪 60 年代也参与了不少招徕活动——利用迷幻意象和女权主义的噱头来销售汽车和香烟——但"创造力"更像是土生土长的。事实上，正是这种东西让反主流文化显得真实可信，似乎嬉皮士文化和广告业都在追求着新鲜的东西。基于新美学和新自由主义管理风格的创意革命是一场概念革命，即在广告业中突出创意的重要性，并使其地位迅速上升以至每一位真正的广告人都对其产生膜拜之情。尽管创造力仍然是一个模糊的概念，但它能为一个处于危机的行业提供一个更大的目标和一种战斗口号。如同对其他行业一样，这个词似乎有着魔力的光环，听起来既熟悉又陌生——陌生到足以颠覆商业概念，又熟悉到与行业一直推行的改革目标如出一辙。

∴

20 世纪 70 年代中期，创意革命的巅峰已经过去。随着经济衰退，反主流文化苟延残喘，许多热门商店关闭，追逐广告中迷幻意象的风潮让位于部分回归克制"消费"和偏"理性"。但在广告美学的表象下，仍然有着重要的转变。广告业作为文化创新和反叛力量的身份象征仍然非常活跃，体现为其策划的一系列反大众文化的广告，包括苹果公司（Apple）的"1984"和"非同凡想"（Think Different），李维斯（Levi）的沃尔特·惠特曼广告（Walt Whitman），还有百事可乐那个命运多舛的超级碗广告（Pepsi Super Bowl）[广告中肯达尔·詹娜（Kendall Jenner）扮演了一个放弃时尚拍摄的模特，转身投入一场抗议活动中，音乐家、艺术家和其他创意人士纷纷举着写有"爱"与"和平"等60年代的标志性口号牌，其中还包括带有典型企业家口吻的"请与我对话"的牌子]。从以上反叛性广告的非特殊性来看，反叛谁并不重要，重要的是反叛本身，以及相关代理产品能否替人们传递出反抗的态度。这种反社会体制的营销，无论是口香糖还是瑜伽裤，都是弗兰克所说的"提供了能量的文化永动机，它表达了对虚假的、粗制滥造的被迫消费的厌恶，反而不断推动另一种消费行为加速"。[44]

创意革命给后人留下了一种新的职业——"创意人"——并很快扩展到了广告业以外的领域，即（非巧合的）后来被称为"创意产业"的领域。随着审美经济、品牌和互联网的兴起，形象和工艺艺术已经成为美国经济中愈发重要的一部分。随着美国企业已逐渐发展为不再生产商品本身（越来越多地在海外制造），而是输出思想和形象，广告业及其衍生业务显然为美国商业打了一个很好的样板。现在，企业效仿"创意机构"，或者借鉴设计和娱乐"工作室"，表明自己更接近艺术而非商业，这已然成了很普遍的现象。如今在创意行业里再提倡波希米亚风格，强调"创造性"的工作环境或是效仿其氛围，便显得相当合时宜了。[45]

正如早期的广告"创意革命"一样,"创意产业"或"创意人"的"创意"概念是多重的。他们具有创意,因为发明了新的有价值的符号、图像和信息。同时就其性格特征来看,他们也被认为是有创造力的。正如我们将看到的,我们今天所说的"创造力"既是一种经济角色,也是一种具有特定消费模式、工作习惯和个性的角色。就像战后的创意革命者一样,这些创意人士通常认为自己占据了资本主义边界的一个阈限空间,尽管在许多方面他们其实处于资本主义的中心。他们往往对消费主义持怀疑态度,即使他们会花钱制作耐克广告,尽管他们可能是政治自由主义者,甚至是左派人士,但他们可能像任何真正的艺术家一样,对"沉闷"和迂腐的东西抱有最深的愤怒,他们与雇主和客户对这些东西的看法一致。换句话说,创造力的概念为文化产业人提供了道德支撑——正如我们将看到的,其在科技行业中也会如此。

创造力之死

7

到 20 世纪 60 年代中期，创造力研究已经实现了许多最初的目标：从美国空军、美国航空航天局（NASA）到通用电气公司以及肖克利半导体公司（Shockley Semiconductor）等大型机构都在使用创造力评估。吉尔福特在 1950 年指出创造力研究中存在的缺陷已经得到了有力的修正：数百篇与创造力研究相关的文章已经发表，并产生了涓滴效应[*]，创造力研究已经开始出现在心理学教科书和大学教学大纲中。例如，在 1965 年 5 月和 6 月《机器设计》（*Machine Design*）推出了一个由三部分组成的创造力测试，其中包括吉尔福特等人使用的发散思维测试、托伦斯创造性思维测试中的填图测验，以及巴伦和麦金农在伯克利人格评估与研究中心使用的几种人格清单。[1] 通过大众媒体的宣传，创造力研

---

[*] 又称"滴下式"理论，一种认为政府的财政补助应通过大企业使中小企业及消费者次第受惠而不应采取福利救济等直接办法的经济理论。——译者注

究专家向公众阐述了创造力对于战略发展、经济、文化和个人成长的重要性。到了1968年，也就是弗兰克·巴伦第一次将"创造力"这一词条写入《美国百科全书》(*Encyclopedia Americana*)[2]的前几年，他感到很欣喜，因为他将人们的注意力成功地吸引到这一至关重要的问题上，"在整个人类历史上，从来没有任何一个时代能够如此普遍地认识到，在自己的日常活动中发挥创造力是有好处的"。[3]与此同时，面对创造力研究高歌猛进的势头似乎需要进行一次全面总结。[4] 1962年至1964年，卡尔文·泰勒、弗兰克·巴伦、E.保罗·托伦斯、西德尼·帕尼斯以及该领域的其他重要人物都出版了相关图书，对该领域的发展情况进行全面梳理总结，他们热衷于相互引用彼此的观点，并认为多元化的研究方法才会取得成效。卡尔文·泰勒惊叹该领域自1950年以来取得的巨大进步，他夸耀道："再也不能说无法针对创造力这一问题进行富有成效的研究了。"[5]

事实上，并不是所有的心理学家都认为创造力研究有着坚实的基础。吉尔福特发表演讲14年后，美国心理学会主席奎恩·麦克尼玛（Quinn McNemar）站在同一个讲台上，大声疾呼："任何试图一窥这个领域的人都会对眼前的混乱感到惊讶。"[6]曾为托伦斯的研究提供支持的美国教育研究协会主席罗伯特·L.埃贝尔（Robert L. Ebel）说，创造力研究者是在"追逐一个虚无缥缈的东西"。[7]困惑不解的利亚姆·哈德森（Liam Hudson）将创造力研究归结为"一股浪潮，我们这些精力充沛、身体强健的人跃跃欲试地冲进了这个浪潮"，但实质上已陷入绝境。[8]

这些批评家认为，没有证据表明麦克尼玛提出的"所谓的创造力测试"能够真正预测出"实际的创造力表现"。[9] 1963年8月，一篇关于该领域的评论指出，"吉尔福特尚未证明他的创造力测试与现实中的创造性表现有任何可证实的联系，但他的成果已成为目前几乎所有试图构建创造力应用测试的基础"，包括工业界广泛使用的交流火花塞创造能力测试（AC Spark Plug Test of Creative Ability）。[10] 哈德森也注意到了一种不恰当的习惯性方式，就是把任何开放式测试都称为"创造力"测试，他认为这种假说"几乎没有任何事实依据"。罗伯特·桑代克（Robert Thorndike）是智力测试方面的权威专家，他承认吉尔福特的观点，即将创造力测试过度简化地称为普通智力测试，但他警告说，心理学家"在使用'创造力测试'一词时最好能比我们在谈论'智力测试'时更加谨慎些"。[11]

批评者认为，事实上，研究人员并没有证明创造力与智力是有区别的，甚至没有证明两者之间有足够的区别，因此在识别顶尖人才时应该放弃标准的智力测验。他们指出，即使在创造心理学家引用的重要研究中，智力和创造力仍然高度相关。因此，智力测试可能仍然是预测成功的最佳指标，尤其是在应用科学领域，甚至某种程度上在艺术领域也是如此。[12] 在很多方面托伦斯的创造性思维测试都是那个时代首屈一指的创造力测试，但也因此招致了许多批评。托伦斯本人也承认他很失望，因为他通过25年甚至40年的跟踪调查发现，儿童时期学业上的高分与成年后的创造性成就之间的相关性很低。[13] 但是托伦斯仍坚称自己的测试具有预测能力，尽管这些测试只是创造力研究中的冰山一角。他提醒批评者这样的结果是因为进行了大规模的纵向研究而使得这些测试过度简化。(这些测试原本应该与另外两项关于传记和个体因素的研究同步进行。)[14]

但是研究人员往往因为太过热衷于使用新的测试工具而忽略了这些细节。一旦测试被公开，就有可能被重新定义：发散性思维测试和测试结果报告之间、"创造性思维"和"创造力"之间的区别变得很模糊，高分者被归类为具有"创造力"。1967年，颇具影响力的发展心理学家杰罗姆·卡根（Jerome Kagan）指出，"创造力"是由测试分数来定义而非根据实际能力，这与吉尔福特多年前对"天才"概念的批评如出一辙。让人感觉本末倒置的是"在过去几个世纪里，人们在使用天才这一标签时都比较谨慎，而且是针对个体使用的"，他写道，"我们这一代人每天都兴致勃勃地用它来形容数以百计的年轻人。早几代的天才只有在得到有力的证明后才会被贴上这样的标签；而我们同时代的人则希望能够预测它，就好像创造力类似于人的预期寿命，而不是年轻人的数量，因为它与人的预期寿命在概念上有更密切的联系"。[15] 在卡根看来，创造力应该是指一个人实际创造出的东西，而不是某种所谓的潜在能力。心理学家所做的就是把"创造力"变成一种可量化的心理特征，把"有创造力的人"变成一种可识别的类型。也许是把创造力作为实证研究对象的必然结果，他们使"创造力"变成了一个人可以轻松地"具有"的能力。

然而在缺乏测试的情况下，这种能力是否存在是一个越来越重要的问题。来自技术层面的评判观点认为，各种所谓的创造力测试指标缺乏明显的"相互关联性"：研究人员要测试不同的特性——发散思维能力、自我意识、对非对称性的偏好等——事实上这些似乎并不会集中在同一个人身上。这让人怀疑研究人员提出的所谓创造力，是否在任何客观的心理学意义上都是具有相关性的。从某种意义上说，他们犯了与几十年前的智力测试人员同样的错误：因为"创造力"这个词的存在，就认为一定有一种叫作创造力的东西存在于大脑的某处。[16] 然而，人们并不清楚是否存在这样一种东西——在任何领域都能创造出新产品的独特思维能力或思维过程。

对创造力研究的这一基本批评得到了许多心理学家的响应。2012年，《创造性行为杂志》再次提出了这一基本问题：

> 在大多数领域中，是否有某种类似于智力的G因素——称之为C——用来预测创造性表现呢？很多创意思维技法是否可以帮助有些人来设计创意广告活动，也可以用来帮助他写一首有创意的十四行诗，找到解决日程安排冲突的有创意的办法，开发解决工程问题的有创意的新方法，编排有创意的舞蹈动作，以及提出有创意的科学理论？[17]

以往积累的研究结果表明这并不是必然的。显然，某一个领域中所展示出来的创造力（无论如何定义）取决于一系列的特质和行为，而另一个领域的创造力则取决于另一组多少有些差异的特质和行为，"一般性的技能或特质对创造力表现的贡献不大"。此外，所谓的一般性的创造力测试，如吉尔福特的系列测试或托伦斯创造性思维测试，"可能会误导研究人员做出不能令人信服的解释"。基于这些测试所进行的所有研究——创造力研究的重要组成部分——其有效性需要重新考虑。至于创造力这一范畴本身:

> "创造力"是一个用起来很方便的术语,它将许多有趣的艺术品、工艺和人物归为一类,而"创造性思维能力"这一术语可能是一种有用的方式,因为它可以将不同内容和不同领域中各种互不相关的认知过程联系起来。然而,这些概念具有误导性,因为虽然它们将观察者看来可能很相似的事物联系在一起,却缺乏任何基本的认知心理有效性。[18]

换句话说,尽管爵士钢琴家、工程师和孩子都可能做一些让我们觉得"有创造力"的事情,但似乎并没有任何心理事实把他们联系在一起。从心理学的角度看,"创造力"似乎并不存在。

早在20世纪60年代,就有批评家指出,"创造力"往往只是研究人员对具有积极意义的各种品质的总称。例如,哈德森写道:

> 这个不同寻常的词如今已成为心理学术语的一部分,涵盖了从某种心理测试的答案,到与妻子建立良好关系等一切方面。换句话说,"创造力"适用于心理学家认可的所有品质。就像许多其他美德一样,例如正义,很难不赞同,

也很难说出它的含义。[19]

正如我们所看到的,创造力定义的不明确长期以来一直是一个让学者们感到很沮丧的问题。20世纪50年代末,心理学家H. 赫伯特·福克斯(H. Herbert Fox)应邀参加了一次重要的创造力研讨会,在听取了数十篇论文报告之后,他感到非常气愤,因为没有一篇论文能够为这个概念提供一个准确的定义。"除了文字就是文字,用更多的文字进行堆砌。这些文字的内容含糊不清、拐弯抹角、闪烁其词、令人费解,"他写道,"没有什么比这样一个事实更能说明有关这个话题的思维发散性和混乱状态了,人们可以读到大量关于创造力方面的文献,但从未见到过它的定义。"研究人员"完全放弃"使用这一术语,"默认"读者知道他们所指的是什么,但"在这一问题目前还不成熟的状态下",福克斯写道,"我们无法确定其他人对创造力的看法和我们一样"。[20] 参加研讨会的一位评论员总结道:"人们几乎相信'创造力'一词会造成理解的障碍,可以弃之不用,因为它太多余了。"[21]

创造力万岁

创造力研究者常常指责他们的批评者阻碍了其进步,固守着过时的天才或智力观念。当批评者处于守势时,他们有时会把自己比作有创造力的个人,总是走在时代的前列,自信而孤独地反抗着社会对变革的自然抵制。但是,创造力研究者不得不承认他们在对其下定义上存在困难。早在1959年第三届犹他会议上,卡尔文·泰勒就承认,"还没有一个适合该领域所有人员的关于创造力的定义"。其中有太多相互矛盾的标准的存在阻碍了研究的进一步发展。[22]心理学教授欧文·泰勒(Irving Taylor)同样在1959年承认,由于创造力"意味着太多的内容,从孩子们第一幅充满表现力的'蝌蚪'人形画到爱因斯坦揭示的物质与能量的关系都可以用其进行表述,但这却使得创造力这个词所表达的效果大打折扣",而且"当一个术语包含了太多的含义,其中一些含义可能是相互矛盾的时候,为了避免混淆,必须对术语本身进行规范性检查"。[23]他仔细研究了100多个关于创造力的定义,发现了五个"截然不同的心理学术语使用集合"。然而,作为创造力研究可行性的忠实拥护者,他并没有由此推断有五种不同的现象被冠以创造力之名,而是由此提出了创造力是一种具有"五个层次"的概念,从儿童的"表现性创造力"到范式转换思维者的"涌现性创造力"。类似的对创造力的不同"方面"或"维度"进行解释的例子比比皆是。一种被广泛采用的方案是将创造力分为"创造力C"(大写)和"创造力c"(小写)。"创造力C"指的是伟大的艺术作品和科学突破,"创造力c"指的是日常创作和解决问题的能力。另一个方案则提出了"创造力的4P模型"——创造者、创造过程、创造成果和创造环境——以说明对其中每个方面的研究不会重复这一事实。[24]

换句话说,即使人们开始怀疑是否真的存在一种叫作创造力的事物,但真正的拥护者认为这个问题就像盲人摸象一样——

每个人只是抓住了一个大事物的一小部分。卡尔文·泰勒总结说，定义的多样性是意料之中的，因为"创造力可以通过许多不同的方式和媒介得到不同的表达"。[25] 从泰勒的表述中，我们可以看到创造力的概念已经变得多么具体和僵化。尽管研究已经非常清楚地表明，创造力是"复杂的"，而不是"单一的"，但人们还是坚信"它"仍然存在，正如泰勒所说只是等待着被"表达"而已。

从心理学视角出发，关于"创造力"这一信仰的存在，最典型的例子莫过于创造力研究者们往往忽视其他更为合理的解释，而将关注点集中在创新成果这一表述上。其中最明显的是"外部"或"环境"的因素，如教育程度和所在阶层，这些因素通常被认为不属于心理学的范畴。一项著名的研究发现，具有创造力的科学家的父辈通常也在同样的领域工作，并且更有可能通过奖学金或研究基金来支持他们的教育过程，而非从事兼职工作（该研究是否排除了独立手段尚不清楚）。该研究还明显表示，有创造力的科学家在研究生阶段投入工作的时间更长，并且会发表更多的论文，而没有创造力的科学家则不是这样。但是，作者并没有将这种巧合解释为两者之间存在相互联系，而是忽略了可能在其中发挥作用的各种特权，将成功归结为"动力"，从而推论出那些在学业上没有获得奖学金资助的人因为要自食其力而无法花费更多的时间放在学习和发表论文上。[26]

事实上，无论是在对成功的科学家、建筑师、艺术家还是已故大师的研究中，动力、奉献精神和辛勤工作（作用于此的时间和空间因素）似乎都是影响创造性成就的最常见因素。而具有创造力的人是智商高还是智商低，是早熟还是晚熟，是内向还是外向，是通才还是专才，是不是在发散思维方面比一般人强得多，针对这些问题的研究并没有明确的结论。但他们都有一个共同点，那就是一心扑在工作上。这一点不足为奇。持之以恒的精神是公认的传统智慧和科学事实。凯瑟琳·考克斯（Catherine Cox）在 1926 年的研究中发现，"智力水平高但不是最高的人，再加上强大的毅力，相比那些智力水平非常高但毅力稍欠缺的人取得的成就更为显著"。[27] 但这也只是用科学来证明我们的常识，正如爱迪生所说，成功就是"1% 的灵感加上 99% 的汗水"。

当战后有关创造力研究的数据已证实了这一传统智慧时，人们可能会期望卡尔文·泰勒等人向资助他们开展研究的美国国家科学基金会报告称，他们在寻找那些踏实工作、智商水平正常的人员，并给予他们时间和空间。然而，泰勒和其他人一直在寻找伟大的创造力。吉尔福特甚至否定了"持之以恒是预测创造性成就的最佳指标"这一观点：持之以恒是一种品质，它可能有助于在任何领域取得成就和显赫地位……但没有迹象表明它与创造力有独特的关系。现在回过头来看，并不清楚是否有迹象表明吉尔福特解释的创造力成就不只是辛勤工作的产物，但创造力概念在本体论上的积累就是如此。这就是它的力量所在，用以构建叙事框架，解释现实。换句话说，正是创造力这个概念本身使科学家们不断地去探索。

: : :

我们可能永远不会知道，有多少心理学家预见到或窥视到创造力研究中存在的问题而悄悄地避开了这个领域。到了20世纪60年代末，创造力研究的泡沫似乎开始破灭。到1965年，标志着创造力研究成果发表和资助高峰的犹他会议、人格评估与研究中心创造力研究和吉尔福特天赋项目等的资助都已到期。可能因为学术上的问题，托伦斯离开了明尼苏达大学。到了1964年，就连卡尔文·泰勒也承认："就像创造性努力本身一样，关于创造力的研究也必须能够接受不完美、不可避免的不完整性、未能实现的强烈感觉以及最终认识到在很多方面它都未能达到预期效果。"[28] 1969年，弗兰克·巴伦有些懊恼地告诫创造力研究人员，不要"太认真对待自己的独特视角"。[29]

到20世纪60年代末，随着创造力研究的资助者和部门的转向，创造力心理学家在"创造性地解决问题"的应用领域找到了支持的土壤。1967年，第一本专门研究创造力的期刊在布法罗创意教育基金会的支持下创刊，该基金会是亚历克斯·奥斯本为传播其创造性思维而成立的组织（见第2章）。它的成立至少在一定程度上为那些不再受现有学术期刊青睐的创造力研究留出空间。[30] 从20世纪60年代到至少80年代，巴伦、托伦斯和吉尔福特都是该组织的定期撰稿人和领导者。[31] 或许这也是理所当然的。尽管经验主义阵营和实用主义阵营之间最初互有质疑，但在促进创造力研究发展的使命上，双方都持开放的态度，并有一定的共识。

尽管存在种种问题，但研究者针对创造力的研究展现出了迫切的愿望，即围绕战后世界关于卓越的新概念，心理学家对人力资源分析工具进行重新分类。创造力所蕴含的某些意义比天才这个词更容易被大众所接受，但比有智慧更为夸张一些，比单纯讲创造性或独特性更异想天开，比单一的想象力或艺术性更实用。无论如何，他们都认为军事、文化和精神进步间是有联系的，正如过去的爱迪生和未来的白领间同样存在这样的联系。这些专家游走于人文理想与军工企业的需求之间，并在寻找一种"在世俗与理想间"的方式，在这些专家的帮助下建立新的心理类别和技术手段，从而使其变得更为真实。[32]

创造力定义的广泛性既是创造力研究的致命缺陷，也是创造力研究的有利条件。尽管它使知识的整合几乎不可能，但它同时也促进了心理学科不同方法论、理论背景和研究趋势的融合。从某种意义上说，这些研究趋势和代表这些趋势的人是被相互救赎的承诺吸引到一起的。马斯洛、罗杰斯和巴伦的人本主义思想帮助心理测量学家阐明了一个更为广阔的社会和道德范围，而不仅仅是为军工企业配备人员，人本主义者的重要性和紧迫感来自他们的聪明才智被掌握着自由世界生死存亡的人所需要。通过采用超理性的心理测量方法和解释性的精神分析方法，创造力研究在业内的影响力大增，它将眼前的战略需求与更广泛的问题联系起来，这些问题涉及民主、工作和美国的角色。创造力研究让军方高层和那些希望超常儿童茁壮成长的人共聚一堂，这让所有的参与者都感受到了他们所追求目标的重要性。我们可以看到，尤其在冷战时期，人们希望用人文主义关怀来缓和强硬的理性主义,正如利亚姆·哈德森所指出的,人们可能会认为创造力研究者代表美国"军备工业"对物理学家的关注,"有悖于心理学中'冷静的思考'的进步传统,而有利于'思想强硬'的科学行为主义者和心理测试者"。但他指出,"有关'创造力'的文献体现的首要特征是一种开明的、进步的人本主义"。[33]诚然,在许多情况下,这些不同的声音都在互相指责,甚至有时是互相反对的。但是,从他们试图调和彼此分歧的努力中,我们可以看到心理学界为实现其时代抱负而做出的努力。

从进步
到
创造力

8

　　如果你于 1968 年后在美国上学,那么你的老师很可能会有那么一两次,拿出投影仪,调暗灯光,播放一部 25 分钟的趣味小电影,名为《人类为什么要创造》(*Why Man Creates*)。这部由索尔·巴斯编剧和导演的奥斯卡最佳短片,最初在哥伦比亚广播公司(CBS)推出的系列节目《60 分钟》(60 Minutes)的第一集播出,现在被收藏在国会图书馆国家影片登记部(Library of Congress National Film Registry),据说这是有史以来观看次数最多的教育片。影片用一部动画开场——比如《摇滚学校》(*School House Rock*)或《要点》(*The Point*),然后用轻快的四分钟回顾了西方的发展史。随着镜头的展开,人类的各种想法和发明创造相继呈现,我们看到了熟悉的文明进程,包括史前狩猎、在洞穴里绘画、发明轮子、建立宗教、建造金字塔、在石头上凿刻字母表、用铁和青铜锻造工具;希腊人的哲思,罗马人的兴衰;然后黑暗的中世纪让位于启蒙运动,紧接着瓦特带来蒸汽机，贝多芬弹着他的钢琴，爱迪生发明了电灯泡；弗洛伊德、达尔文说人是由动物进化而来的。随之画面中人群聚集，各类历史风云人物纷纷登场，滔滔不绝地喊着政治口号，汽车、飞机和电视机的声音越来越大，嘈杂的画面越来越模糊，直到最后突然戛然而止。转而一个孤独、渺小的人站在山顶上，被一团旋转的放射云吞没，他开始咳嗽，向天空咆哮。

对于一部歌颂创造力的电影来说，这个开头或许显得有些奇怪。但是在 20 世纪 60 年代人们普遍抨击消费主义和技术控的大环境下，这部影片呈现了一种风趣、乐观的基调。当一个柔和的声音惆怅地问道"创造力从何而来"时，我们被带入了一系列"对创造力的探索和评论"的场景中。首先是一个关于挑战社会期望的定格"寓言"动画，一个因为超过了弹跳标准而从流水线上蹦出来的乒乓球，找到了一群喜欢它的观众，当它越跳越高进入太空时，人们不禁为它欢呼起来。我们了解到灵感通常是偶发性的，但（引用爱迪生、海明威和爱因斯坦的话）也来自平常的勇气和努力。当镜头里愤怒的路人辱骂着艺术作品时，我们感受到了社会对新思想的抵制。影片的主角是一位有点嬉皮士的白人男子，他打扮成电影里牛仔的样子，将这些批评视为对自己的一记猛击。这时一只卡通蜗牛大声问道："你有没有想过，激进的思想威胁现有社会体制，但其也会变成制度本身，再反过来抵制一切威胁其稳定的激进思想？"最后，一种虔诚的声音又提出了影片的根本问题："人类究竟为什么要创造？"在一段蒙太奇式的古代艺术、火箭发射、印象派绘画、乐谱和一点涂鸦之后，男人最终回答道："在人类各种各样的表达中，有一条贯穿始终的线，一种共同的东西：那就是想要不断看清自己和这个世界的愿望，一股想要表达'这就是我，独一无二的我，我在这里，我是'的冲动。"从勾股定理到马克思主义，从原子弹到波音747，这部影片真正想要表达的似乎是，每一次进步和发明，最终都源自一个人想要表达自己独特性的愿望。正如我们所看到的，这种独特性的主张——比如一幅油画比TNT炸药更有力量——是战后创造力概念的核心，阳光下所有新生事物的个体化起源。影片刻意忽略掉了那些所谓的社会权威因素，包括决定发明什么的机构，或者那些协调成千上万劳动力的组织等。只凸显一个个孤独的、渴望被看到的创造者。

这部电影从来没想要回答为什么——如果这一切加起来是一堆没用的垃圾——创造力是一个如此好的开始。片名中的"为什么"并不是要回答人类为了什么而创造，而是想探讨创造的内驱力到底是什么。影片开头对高科技的质疑和对创造力的生动呈现奇怪地融合在一起，可以用一句口号来概括：进步已死，创造力万岁。

问题是，为什么奥克兰的凯撒铝业公司（Kaiser Aluminum）（即聘请巴斯制作这部电影的公司）会对这样的东西感兴趣？哪怕看到废弃的飞机机身堆积在一起的世界末日般的景象时有些担忧，凯撒的高管们也没有阻止这部电影的发行。事实上，这家总部位于奥克兰，生产军用飞机机身和电视机餐*等产品（一

---

* 指冷冻餐或即食餐、微波餐等。

个很好的将军事工作与日常消费联系起来的例子）的美国第三大铝生产商，在美国其他观众看到这部电影之前，已经为数千名员工放映了这部电影。同时，他们还发行了名为"你和创造力"的《凯撒铝业新闻》（*Kaiser Aluminum News*）特刊，里面放入了旧金山工作室（San Francisco studios）的彩色迷幻海报，还有卡尔·罗杰斯、亚伯拉罕·马斯洛、吉尔福特、弗兰克·巴伦、亚历克斯·奥斯本、Synectics 公司等的语录和关于创造力的练习，读者可以边看边做训练，如列出砖的不寻常用途等。书中呈现了过去 20 年，人们积累的各种各样的创意，从实用的到狂想式的。这本杂志就像是一锅大杂烩。

我们已经看到了美国企业如何消费和生产创造力，从科学研究到应用工程项目，它既促进创新，也应对着职场关系疏离和公众质疑。通过创造力这个概念，企业可以利用社会的各种批评来激发灵感。（正如我们在巴斯对头脑风暴的抨击中看到的那样，他本人对于自己在现代文明进程中所扮演的角色也很矛盾，他认为广告业的那些专业人士可能如同"贩毒者"。）巴斯私下里称自己的那部电影为"创意电影"，其指明了美国企业是如何利用创意的理念来解决技术信仰危机的，当时科技进步的概念——社会工业长期依赖的概念——已经严重受损。

但具体应该怎么创新呢？正如卡尔·罗杰斯所指出的，创造力本质上是一个超越道德范畴的概念。"在践行创造力的过程中，我们试图区分'好'与'坏'的目的，结果却一无所获"，他写道，因为"一方可能已经发现了减轻痛苦的方法，而另一方却在为政治犯设计一种新的、更微妙的酷刑"。[1]就连《凯撒铝业新闻》中那篇鼓吹创造力的文章也承认,"贫民窟、战争和武器;贫穷、犯罪、垃圾和污染都是人类创造出来的产品,就像展架上的绘画、工厂里的机器、空中回响的音乐一样……创造性行为并不能保证其产品有益或有用"。[2]然而,虽然创造力的产物可能令人发指,但创造力本身却是无辜的。正如马斯洛所说,它是"超越价值、道德、伦理和文化的……",无关善恶。[3]

正如这部电影所做的那样,对于像凯撒这样的公司,或其他任何战后美国的公司来说,拥抱创造力是要将焦点从产品转移到创作过程上。事实上,电影中的那些创造性产品总是含糊不清——大部分都没有体现,或者是抽象的,以至于它没有指向任何特定的东西。如果实在要展现产品,也总是强调其来自艺术、科学、技术和人文科学。在从产品到制作工艺的幻灯片展示中,既有各种涂鸦也有高雅艺术、哲学和高新科技,表明创造性行为是一种既普遍又中立的概念。对于那些想让技术变得更人性化,或者至少想让它看起来更人性化的人来说,创造力这种所谓的道德中立显得很有吸引力。在某些情况下,正如我们将在本章中看到的,创造力被看作对技术的道德反作用力,"创造性"思维更明智,会出现更多对社会负责的创造。但在其他情况下,创造力只是避开了科技的道德困境,将焦点从产品转移到产品创作过程,从聚焦社会大环境转移到创造者个体上。创造力的概念重新定义了技术,即它不是一个盲目、机械的东西,而是一系列敢于反抗大众的纯粹而充满激情的个人意愿表达。这种阐释给了科技工作者和雇用他们的公司一种新的价值，一种可以相互理解并能沟通的价值。

技术科学大行其道

二战后，人们对科技进步的可能性充满了矛盾心态。左翼理论家刘易斯·芒福德在战前曾试图探寻"科学技术"中的人道主义，但战后他看到那些科技中的"超级机器"时深感悲观。随着冷战期间那些"剑转犁"（回归生产）的战后秩序梦想化为泡影，其他一些人也加入了芒福德的行列，包括神学家雅克·埃卢（Jacques Ellul），他曾痴迷于效率、工具主义的思维模式，一种渗透到社会生活各个领域并从中吸取所有人道主义精神的思维模式。[4]

战后观察家对冷战中社会对科学技术的执迷感到担忧。随着应聘企业的博士越来越多，大学建立了像企业那样运营的研究中心，人员在学术界、政府和工业界之间自由流动，"研究"和"开发"、"纯科学"和"应用科学"的界限日益模糊。[5] 一位观察员称，"我们需要一个词来表示工程师和科学家，这两者现在显然已经是一个共同体了"。[6] 这与传统的自由主义经济模式大相径庭，根据历史学家史蒂文·沙平（Steven Shapin）的说法，"科学探究是为了真理；而商业是为了获利。纯科学研究的推动者是自由的个体；而科学运用的代理者却是有组织的机构"。[7] 威廉·怀特担心对科学家的过度管理会阻碍其研究，同时也会扼杀科学家个人的道德能动性。他写道，倡导"社会伦理"的管理者"倾向于认为组织的目标和道德是一致的",而当下的世界,特别是第三帝国的崛起,这一点却显得事与愿违。[8] 与此同时,上一代人将专业化视为智力劳动的合理分工和进步的关键,现在却被指责使美国人思维变狭隘了。工业科学家和工程师们曾被视为国家技术管理的开明领袖,现在,他们只是许多组织里的技术工作人员,盲目地按要求做事。

从人道主义精神来看,科学与军事的紧密联系令人尤其感到不安。艾森豪威尔总统在他著名的一次演讲中提到了"军事工业联盟"的崛起,他警示说,"在历史上,大学是自由思想和科学发现的源泉……但与政府的联盟却让其成了求知欲的替代品"。另外,"政府的决策也可能被科技精英所左右,这是一种同等的危险"。[9] 换句话说,军事工业联盟对白领专业人士来说是一种浮士德式(不道德)的交易,他们把脑力劳动卖给政府和资产阶级的同时,也获得了一种他们可以支配国家生活的非民主权力。

简而言之,与其说这是对技术的信任危机,不如说是对技术管理的信任危机。因为即使是那些对完美社会抱有救世主般信念的反主流文化和参与抗议活动的成员,也并没有完全失去对技术本身的信任。他们对技术进步仍然有信心,他们(就像越来越多的技术工人一样)认为大规模的自上而下的管理组织不太可能去产生技术,相反,这些组织只是锻造了一种民主的、DIY式的技术伦理。[10]

这一切都让科学家和工程师处于尴尬的境地。他们要么技术能力很强但缺乏哲学思辨,要么其自身的人道主义精神不足以强大到可以对抗上面的政治压力。他们自身对这些批评都特别敏感，不仅因为这些批评可能威胁到他们的生计，还因为他们容易陷入自我否定和太过理性的痛苦中，这些理性的思维在20世纪初漫长的科技进程中一度为技术的重要性做辩护。然而，大多数人仍渴望成为他们同行创造的科技社会的救世主，而不是放下自己的计算尺去做一个人文学科教授。他们信奉历史学家斯蒂芬·威斯尼奥斯基（Stephen Wisnioski）所说的"技术变革的意识形态"，认为技术变革是不可避免的，而且也许只有技术专家才能解决技术问题。但如何解决？对有些人来说，创造力听起来是一个不错的答案。

创造力即责任

科学家和工程师为他们的身份挽尊的一种方法是为其承担"责任"。原子弹之父 J. 罗伯特·奥本海默（J. Robert Oppenheimer）开展了一场对科学技术进行公开的民主监督的全国讨论会。有些人提议建立监管机构［例如，国会技术评估办公室（the congressional Office of Technology Assessment）］，另一些则侧重于从内部进行科技改革。[11] 但这就意味着需要创造力的加入。斯坦福研究中心（Stanford Research Center）负责人芬利·卡特（Finley Carter）承认，"我们在研制防御性和毁灭性武器方面确实投入很多"，他认为，作为应对策略，"我们需要更多的创造性思维来看待这种局面"。[12] 卡特的研究中心是在二战后成立的，目的是专门招聘斯坦福大学的人才用于军事和工业。

到 1959 年，1000 多名科学家和工程师被雇用，从事于从社会科学到武器系统的各种项目。那一年，卡特问道："我们能够毫无顾虑地研制这些东西然后随意交给别人去用吗？还是我们应该对这些东西继续担负责任？我们有义务确保我们创造的东西不被滥用，我们需要继续维护它们，这样才能真正掌控它们，让其带来更丰富的生活。"[13] 卡特认为，想要真正掌握技术需要创造力，包括"内在驱动力"和"科学家从研制中获得更大意义的成就感"。[14] 他没有详细说明那些具有内驱力的创造性科学家最终将如何承担更大的责任，但他暗示，他们的道德将起重要作用。

麻省理工学院和斯坦福大学教授约翰·阿诺德是通用汽车创意工程项目的先驱，他认为，创造力可以使技术性的头脑对"社会"问题更加敏感。对阿诺德来说，创造性思维意味着从传统的工程思维中解放出来。[15]"未来的创意工程师"，阿诺德写道，是"一个艺术与科学的结合体……既像一位艺术家在创作"，也"像科学家一样在理性地、深思熟虑地工作"。作为斯坦福大学机械工程系设计研究所的创始人，阿诺德同时担任机械工程和商业管理的教授，他开设了文学、写作和美术课程，以使工程师更好地理解人的情感，可以与人更好地沟通从而进行设计——这两种思维方式在现代消费经济中都是必要的。[16] 有创造力的工程师——阿诺德称之为"综合性的工程师"——应该是一个社会思想家，他能"面向世界"，渴望解决像饥饿和经济不平等这样的大问题。他写道："创意工程的目标之一是实现物理科学、社会科学和艺术之间的有效结合。""通过这种方式，也许只有通过这种方式，我们才能确信我们创造的东西能更好地满足人类的某些需求。"

阿诺德的目的当然是减轻工程师的思想负担，但同样也是为了拯救工程科技行业。工程师不应把给社会的设计留给政治家，而应开拓更多的生活领域。只要有关于"创造性的问题"——阿诺德对一切没有是非答案的问题的统称——"创造性的工程师"就应出现。正如我们在奥斯本的头脑风暴中看到的那样，在创造性思想家解决"人的问题"的概念中，往往存在反国家主义和非政治的假设。阿诺德说，有创造力的工程师会看到社会的不公正，也会明白"这些不平等不能通过政治手段来纠正"，而应通过技术方式来解决，他认为："必须以某种科学的方式使每 1 磅的材料更有用，每 1 千瓦的能源更有效，每一个人的生命……更有意义。"尽管阿诺德对艺术有好感，但他让工程更具"创造性"的提议，本质上是一种纯粹的理性主义和技术管理精神。他觉得工程师通过创造力会在某种程度上做到那些靠政治监管和政策不能办到的事情。

作为创造行为的艺术和科学

卡特和阿诺德认为，创造力可以使技术更加具有道德性，这一信念源自 18 世纪和 19 世纪，那时艺术家似乎扮演着一种祭司的角色。从这个意义上说，具有创造性就是使技术更具有智慧。但艺术家之所以成为关键，还有另一个原因，那就是他们享有高度的自主性。有创造力的艺术家——为了他们内在的动机而专心创作——是一种强有力的形象,它指引着战后科技工作者的道德性。创造力的概念是科学家和工程师与艺术家分享的东西,反之亦然。

以1958年9月的《科学美国人》(Scientific American)为例,该杂志致力于"科学创新"领域,但其中却刊有一幅文艺复兴时期的画,画的是婴儿耶稣、母亲玛利亚和一位大天使。《科学美国人》是冷战期间公众对科学技术的看法的重要塑造者,它不仅面向广泛的工程师、科学家和研究管理人员,也面向"业余的科学爱好者,即不断壮大的对科学的进步和应用有着责任心和兴趣的美国公民群体"。[17]它的页面上赞美最新的火箭科学、雷达和半导体——这些都是五角大楼资助的成果。大多数月份封面都是一些充满科技感的高清照片,或科技小玩意、实验室,或太空风格的图像。

在一个人人都关心国家安全、到处都能拿着神奇小玩意来炫耀的时代,这本以"革新"为主题的9月刊为什么会选择一幅500年前的宗教油画呢?封面文章的撰稿人英国学者雅各布·布朗诺夫斯基(Jacob Bronowski)解释道,选择《岩间圣母》(Madonna of the Rocks)(1483—1486)这幅画是为了引出它的创作者列奥纳多·达·芬奇。布朗诺夫斯基说,列奥纳多完美地将科学与艺术自然结合;他能观察到尸体和植物的解剖细节,并能通过这些细致的科学观察将其完美体现在绘画细节中。布朗诺夫斯基被认为像文艺复兴时期的人。作为一名物理学家和数学家,他对威廉·布莱克的诗歌有着自己的理解,对广岛和长崎的轰炸发表过有影响力的报告,随后他又出版了

《科学与人类价值》(*Science and Human Values*)(1956),为他赢得了一个敢于提出重大哲学问题的科学家的声誉。[18](顺便说一句,就是布朗诺夫斯基称广告商为"毒贩",这让索尔·巴斯大为震惊。)[19]

布朗诺夫斯基认为,从心理层面上来讲,科学与艺术之间的区别是人为设限的。尤其是,科学远不像刻板印象所暗示的那样"理性"。首先,科学理解中有一些美学的东西。哥白尼的行星运动理论并不是纯粹的理性,而是一种"美学的统一",关于光是波还是粒子的争论最终是"一种类比的冲突,一种诗意的隐喻的矛盾"。科学理论不是对客观现实的简单记录,而是一种创造,"一种超越事实的想象性选择"。与约翰·杜威(John Dewey)的观点——科学理解依赖对"美学统一的"直觉感知,所有知识都是由某种潜意识驱动的——相呼应,布朗诺夫斯基认为,科学和艺术都是由一种"掌控环境"的意志所驱动的。为什么我们把《奥赛罗》(*Othello*)看作"真正的创造",而对于哥伦布发现西印度群岛或贝尔发明电话我们却不这么认为呢?因为后者不像艺术品那样明显地表现出了"个人思想的存在",根据布朗诺夫斯基的说法,它们所体现的在本质上其实没有创新。

布朗诺夫斯基说,艺术家和科学家在气质上有许多相似的地方;冷静的科学家和狂躁的艺术家只是一种刻板印象。爱尔兰科学家威廉·罗文·汉密尔顿(William Rowan Hamilton)酗酒至死,本质上"和任何醉酒的年轻诗人一样,都是一种浪子行为"。[20](从事人格评估与研究的弗兰克·巴伦在该期文章中支持了这一说法,他写道:"科学家和艺术家这种具有高度原创特性的人群确实存在某些一致性的特征。")[21] 布朗诺夫斯基并没有列举不一样的艺术家的例子——比如一些理性的和行为良好的艺术家——因为他的目的不是让艺术家们相信他们像科学家,而是让科学家和工程师们相信他们本质上是艺术家。这篇文章以蒙蒂尼亚克的洞穴壁画和亨利·摩尔(Henry Moore)的当代雕塑结尾,以使读者最后将自己置身于推动西方科技文明进步的个人想象中。

对布朗诺夫斯基来说最重要的是,真正的科学家和真正的艺术家一样,都是个人主义的。20世纪中叶的批评家们将科学——很大程度上也包括艺术——视为一项由自我否定的研究者承担的集体性项目,而布朗诺夫斯基则将其描述为一种孤独的个人主义追求。他说,科学和艺术是在像古希腊、文艺复兴时期那样的人本主义环境中繁荣的,而不会出现在"枯燥乏味的"中世纪或"工匠思维般的东方国家"。[22] 这种说法实际上是冷战时期美国的一种信条。它充斥着种族主义和反天主教的东西,很容易把兼具东方色彩和集体主义意识的苏联描绘成一个日渐成形的老古董。

然而,这一切与战后科技发展的真实情况相比显得背道而驰。苏联这个典型的集体主义国家不仅在技术进步方面超越了美国;事实上,大多数美国科学家和工程师在高度协作和被管理的实验室里,很难视自己为天才般的孤独英雄。

也许关联更大的是布朗诺夫斯基所隐含的代表应用科学的论点——发明应多于发现。布朗诺夫斯基说,西方的个人主义鼓励新思想的蓬勃发展，它更倾向于"积极的"而非"禁欲"或"苦思冥想"的。布朗诺夫斯基反对科学是或应该是一种客观发现的论点，他更强调科学家的发明创造。如果不用于创造、研发工具和进行理论应用，那么纯理论又有什么意义呢？他似乎在说，"纯粹"的科学和"应用"科学之间的区分就像艺术和技术之间的区分一样抽象。这一切都归结于人类掌控世界的欲望。

读者可能已经通过布朗诺夫斯基找到了艺术与科学技术之间相互调和与补充的方法。根据传统的自由主义科学观，思想的独立和对真理的追求是齐头并进的。一个真正的科学家的标志是他或她为自己工作，或者至少拥有学术自由，不是发明，而是发现。这两种设想都不太符合冷战时期的现状。但是，正如布朗诺夫斯基所说，如果一切都是一种发明，那么从本质上讲，一名科学家在参与发明的同时也能创作作品。此外，布朗诺夫斯基的论点是让我们将独立思想理解为一种心理状态，而非制度状态，让我们想象一个真正意义上的科学家正在执行一项任务，而不是他或她自己选择的一个项目。从意识到发现不应是被动的这一点可以帮助冷战时期的科学家们减轻既想寻求真理又得完成任务的压力。[23] 在一个他们无法理解或掌控的社会体系中，他们或许可以从这样的想法中得到安慰：那就是他们在内心深处可以像艺术家一样随心所欲。"创造性的科学家"是一种新的理想，而不仅仅只是一个听着有点儿矛盾的术语。

但创造力概念的模糊性使得它又一次体现了功利主义和非功利主义之间的对立。比如说，"创造性科学"这一词指向创造性而不是简单的发现，因此有时候也被理解为"应用科学"，可这个词也会表示一个纯思想领域的状态。在《科学美国人》关于"革新"的特刊出版前不久，该杂志的编辑丹尼斯·弗拉纳根（Dennis Flanagan）在纽约创意艺术指导俱乐部会议上说，原子弹并不是一个真正的创造性发明。倒不是因为它具有破坏性，而是因为它只是一件装置。"科学中真正具有创造性的行为是发现新的规律与原理，而原子弹无非只是已知原理的应用成果。"哥白尼认为太阳是太阳系的中心，这是科学上的一项创造性发现。[24] 弗拉纳根认为，我们必须尊重这一点，使具有创造性的科学家不受实际应用技术的影响——"我们必须用心保持科学与技术之间的区别"。[25]

"我们的社会乐于投资实用的东西"，弗拉纳根接着说，"排斥'长发派'（longhairs）"——与资产阶级的体面格格不入的高雅艺术品鉴家——"对有科学才能的年轻人施以现实的经济压力，迫使他们成为'有用'的人"。弗拉纳根认为，这些"长发派"之所以与众不同，是因为他们身上有纯粹的、不可阻挡的好奇心。与马斯洛所说的"音乐家必须演奏音乐，艺术家必须绘画，诗人必须写作"相呼应，弗拉纳根在谈到有创造力的人时说，"世界上没有什么能阻止他们对求真的渴望，就像世界上没有什么能阻止一个有天赋的画家想要绘画一样"。[26] 此外，长头发的人本身就更像是会追求艺术而不是饭碗的人。与布朗诺夫斯基的观点相呼应，弗拉纳根将科学发现的过程描述为不是"耐心、机械地收集事实"，而是"直觉的"、"潜意识的""诗人、画家、作曲家创作的过程"。[27] 对弗拉纳根来说，真正的创造力是探索事物本身的意义。对于一个推崇科学与技术结合的普通杂志编辑来说，这篇演讲在当时的发表显得格外引人注目。当然，这一点也没有使弗拉纳根被贴上反科技的标签。在他看来，有创造力的人不功利，不是一种意识形态或政治立场，而是一种心态，最终，其他工作人员不那么需要创造力的劳动付出，将使我们大家的物质生活水平得到提高。

无论一个人站在科技生态系统的哪个位置，艺术家身上的创造力都提供了一个完美的理想。真正的工程师把真正的艺术家看作创造新事物的发明家。而真正的科学家把真正的艺术家看作思想家，他们为了思想本身献身于钻研思考。无论人们认为创造力是纯粹科学家还是应用科学家的特质，是无私的发现者还是解决日常问题的普通人的特质，每个人都认为技术性人员更需要的东西就是创造力。

作为企业价值的创造力

> 有创造力的人可以将自己的想法转变为现实，这种能力适用于所有领域。科学和艺术皆如此。无论是创作交响乐、写十四行诗、开发一种神奇的药物、设计一个数学模型还是一个核反应堆，都是环境孕育出想法，并将其变为现实。

这是《科学美国人》刊登的一则西屋贝蒂斯原子能实验室（Westinghouse Bettis Atomic Energy Division）的广告。西屋贝蒂斯原子能是一家成立于1949年，位于匹兹堡附近的国营研发实验室，目的是开发美国海军核项目。我们已经感受到心理学家是如何用这句话来确立他们研究对象的范围的。但它能与《科学美国人》的读者产生什么共鸣呢？这则 9 月特刊上的广告和里面的文章一样具有启发性，因为它向我们展示了企业是如何利用创造力的概念来吸引公众和大量的美国工程师的，尤其许多读者都或许是潜在的雇员。广告揭示了一种艺术与个体创作结盟的策略，塑造了一个与冷漠、理性和官僚主义机构相反的形象。

波音科学研究实验室（Boeing Scientific Research Laboratory）的一则广告展示了一幅抽象画，画中重叠、参差不齐的四边形在同心的变形虫环上纵横交错。这是一幅关于天鹅座的画，由一组"艺术家—科学家"共同创作而成，他们阐释说："对宇宙的认识不是人类的视觉问题，而是人类的想象问题。我们眼睛看到的是天鹅座，但它其实是我们的一种构想，它像放射望远镜一样，预示人类可能在将来某一天获取某种尚未被探索的、无法解释的能量。"与布朗诺夫斯基相呼应的是，广告文案将望远镜与绘画等同起来，两者都表达了想要探索宇宙的愿望。美国铝业化学公司（Alcoa Chemicals）的一则广告则描绘了四枚导弹直冲云霄，画面色彩鲜艳，立体感十足。[艺术家 S. 尼尔·藤田（S. Neil Fujita）为戴夫·布鲁贝克五重奏的《休息五分钟》（Take Five）和查尔斯·明格斯（Charles Mingus）的《明格斯阿》（Mingus Ah Um）的专辑封面都设计了类似的抽象图案，两张专辑都于次年发行。]这则广告吹嘘一家未署名公司的工程师"将想象力与美铝铝材（一种专利化学产品）结合起来"，设计出了

8　从进步到创造力　**209**

图 8-1 "让美铝为你的创造性思维增添新的方向！"冷战时期艺术与科技的融合

Alcoa 1958.

一种更耐热的鼻锥。

这则广告可以解读为一种试图让可怕的暴力看起来更美好的尝试。尽管整张封面都在明目张胆地展示导弹，《科学美国人》的读者看着却并不害怕。因为这个想法将导弹从技术转化为了艺术。既然是艺术，它们就可以被视为一种"想象力"的产物，而不再是军队去暴力解决问题的产物。观众的视角从一个产品，一个对世界有着真实的潜在破坏性的产品，转向了其创作过程。正如布朗诺夫斯基和波音公司的广告将科学理论和卫星比作诗歌和绘画一样，美国铝业公司的广告将洲际弹道导弹描绘成了人类独具风格化的想象力表达。

这种异想天开的"与想象力结合"的广告是美铝公司开展的将艺术与工程技术相结合的大型活动中的一部分。1957年，美国铝业聘请了查尔斯和雷·埃姆斯工作室（Charles and Ray Eames studio）的设计师约翰·纽哈特（John Neuhart），他用美铝的材料和光伏电池设计了一台"无为机器"（Do-nothing Machine）。纽哈特本人和他设计的色彩丰富、非功利性的小玩意都充分展现着艺术气息，象征着人类最纯粹的想象力。这是对布朗诺夫斯基理论的一个非功利主义的曲解，那就是创意并不在于追求实用，而是在于有趣和奇思妙想。这还暗示，纯粹的技术，就像纯粹的科学一样，没有所谓明确的目的。不管这些光伏电池最初被发明出来是为了什么——也许是为了卫星供电，也许是为了汽车供电——其最终的应用应该如人类的想象力一样具有无限可能。一家以生产明确用途产品而闻名的制造商，用着核心的科学材料，却花钱请设计师想象出一台没有具体用途的机器，或者请油漆工用笔触软化航天器的鼻锥，这从侧面反映了企业对科技进步的一些矛盾心理。[28]

综合来看，这些广告和促销小玩意是在试图表明，公司不受自以为是的进步技术概念所束缚，也不被客观的地缘政治力量所引导，而是被它们富有创造力的员工的个人思想所引导。这些公共形象的宣传活动似乎不仅针对普通大众,还针对员工和潜在雇员。这些公司在想方设法吸引新工程师到新泽西郊区、波士顿和阳光地带的庞大工业园区,在创意的口号下投射出一种自主、自由玩耍和尊重的氛围。西屋贝蒂斯原子能实验室的广告将核反应堆比作十四行诗,还声称它是"科学领域个人创造力最重要的捍卫者之一"。"我们为认可个人(的创造力)而感到自豪",我们通过"训练和锻炼,并提供舒适的创造力环境来激发它"。许多公司强调环境营造。林克航空公司(Link Aviation)的一则关于"林克-帕洛阿尔托气候适宜"(The Climate's Right at Link-Palo Alto)的广告暗示,适宜既指温和的天气,也指创意的"精神"氛围。参考最近宣布的美苏之间的"导弹差距",通用电气的导弹和军械系统部门的广告吹嘘"缩小了……工程师的天赋和创意输出之间的差距"。通用电气强调,"之前许多——也许是大多数——工程师和科学家都敏锐地意识到,即使有,他们的创造力也很少被用来解决实际问题"。通用电气承诺,"充分扫除那些阻碍创造力发挥"的绊脚石,如"指令不灵活""缺乏科学挑战的任务""对个人想法的冷漠"等。[29]

大量的人才招聘广告足以证明工程专业在冷战时期的迅速崛起。事实上,他们并不通过强调薪酬、福利或团队精神而是通过强调创造性机会的充分给予(在多种意义上)来吸引应聘者,这就意味着创意技术这个职业开始逐渐由幕后转向台前。由于对白领异化和军国主义、技术官僚社会的道德限制的双重担忧,对专业精神和知识的传统诉求现今被融入了更具个人化和表现力的价值观。创新的概念本身也开始被重塑，即不再是科学最初拥护者所设想的机械化的过程，而是一种思想的积累，每一个思想都来自一个独立的、不受约束的、完整的——创造性的——个体。

∴

我们已经看到，创造力的概念是如何从心理上解决战后美国社会结构矛盾的。它调和了一种新型的个人主义——其本身包含了一种进步的、自由的思想——与大众社会之间的矛盾。我们看到它于美国冷战时期，在战略、经济和意识形态多重压力混合下的土壤里开花结果。我们也看到，对于最热心的支持者来说，创造力的概念是如何囊括一切的：它代表卓越而非平凡，也代表着开放社会的民主潜力；它代表活力和创新，而不是混乱的无政府状态；它代表一种急迫的人本主义与科技世界的融合，并从根本上支持企业创新、消费主义和经济增长。我们还看到它是如何将社会生产力的发展与个人的自我价值实现结合在一起的，在消费主义时代，它使旧的资产阶级生产者的伦理得以回归，尽管是以一种更柔和、更敏感、更女性化的形式。

接下来要做的是阐释这一切与20世纪60年代之后出现的世界有什么关系。

创造力
万岁

9

我们现在已经知道"创造力"是美国战后的产物，伴随着冷战和消费主义的大环境，职场人际关系冷漠，人们不愿再盲目从众。但那时"创造力"的生命其实才刚刚开始，是直到20世纪70年代以后的几十年，创造力才真正进入我们的意识和生活，以至于美国以及欧洲、澳大利亚和亚洲许多地区的文化都开始倾向创造力，也就是学者安德雷亚斯·莱克维茨（Andreas Reckwitz）所说的"创造力倾向"（creativity dispositif），一种对创造力的普遍价值取向，它植根于我们的语言、制度和自我身份认同。[1]

这是通过无数的演说和倡议、使命宣言和课程、迷你剧和毕业演讲来实现的。据谷歌图书（Google Books）的数据，2000年，我们使用"创造力"这个词的频率是1970年的两倍，标志着它在许多方面已经被广泛运用于我们的日常生活中，尽管"想象力"或"独创性"等偶尔也会被用到。从某种程度上来说，我们对创造力这个词已不再感到神秘；正如许多评论家所指出的那样，它正在成为一个流行词，其含义已远远超出官方对创造力的定义范畴。但与此同时，这个词的意义也逐渐因创造性的专业知识和专业技能的产生和制度化而不断更新。这在很大程度上基于两方面的发展：学术心理学和"应用创造力"。据《创造力百科全书》（*Encyclopedia of Creativity*）（关于创造力新知识的旗舰之一）的编辑介绍，1999年至2011年，关于创造力的出版物比过去40年的总和还要多。[2] 在最后一章中，我们将简要介绍这个领域在20世纪70年代到21世纪初的发展，然后再阐述20世纪90年代末和21世纪初一系列关于创造力的现象——"创意产业""创意阶层""创意城市"等的兴起——这种现象既是创造力具象化的产物，也代表了一个新的主要发展趋势。这些例子将帮助我们了解创造力的概念是怎样在战后几十年蓬勃发展起来的，也在某种意义上让我们清楚地看到其如何使现今这个时代与战后几十年有了重大区分。

战后时代

1973年前后，让创造力概念最初成形的战后社会秩序开始瓦解。经济上首次出现了增长放缓、实际工资停滞的现象，随即石油危机、环境污染、滞胀接踵而至。一夜间，人们对于如何在"富裕社会"中处理好自己的情绪失去了信心，开始怀疑以经济发展为核心的战后秩序。由于民主党内部因矛盾激化而分裂，凯恩斯主义计划又落空，一群新的叫嚣着自由市场经济的"啦啦队"（cheerleaders）上台执政，制定了一系列旨在缩小国家规模的措施。通过强化制度来确保社会繁荣的战后构想逐渐让位于管理权限下放和临时工制的新西部式（new Wild West）社会理念。

这些所谓的新自由主义改革强化了始于20世纪50年代的后工业主义。跨国公司通过兼并和收购在绝对规模上进行扩大的同时，也开始了多种方式的架构调整。为了逃避工会和降低劳动力成本，他们不仅把工厂搬到国外，而且在许多情况下，甚至把工厂完全卖出去，将订单外包给日益复杂、可替换的全球投标人网络，而美国国内只负责知识产权、设计和营销。这一现象或许可以用印在每一件苹果产品上的字来最好地概括："加州苹果设计，中国组装。"

可以说，后工业时代是一幅精修后的图景，说着自我实现的预言。直到21世纪，美国仍是世界上最大的制造国，制造业仍是其主要赚钱手段；它只是没有在全国范围内传播。最吸引人的似乎是那些出口虽慢，但在日益加剧的社会不平等中仍蓬勃发展的领域，即所谓的 FIRE* 行业（FIRE industries，指金融、保险和房地产行业），以及工程、设计、营销、娱乐和媒体领域。因此，这些高质量就业岗位的需求，受到了经济学家、政策制定者和那些想为美国找到乐观前景的人的最大关注。尽管就业总量增长最大的仍是零售、酒店等低工资的服务性行业，但这种"新经济"成了"信息""知识"，或者如我们将看到的

---

* FIRE 是 finance insurance 和 real estate 的缩写。

"创意经济",它的出现似乎以一种更干净、更智慧的方式取代了曾经声名狼藉的工业。

旧秩序,即福特主义秩序(Fordist order),认为自己根植于制造业和辛勤劳作,而新秩序,如它自身所宣扬的,产出的不是商品,而是人生体验、生活方式、社会身份和形象。公司现在通常被称为"品牌";就连吃饭的餐馆也成了某种"概念"意义。事实上,我们中的许多人都从事着创造内容、信息、想法、设计方案和身份等的工作。甚至我们的闲暇时间也似乎与生产或消费概念产品的注意力经济紧密相连。所有有形的都化为无形的了。整个社会氛围是一种流动性的现代感,正如齐格蒙特·鲍曼(Zygmunt Bauman)所说的那样:资本,就像流动的液体一样,会流向最低点,而且,没有东西可以阻止它,我们都会融入这股潮流。[3]

这种新的经济秩序使价值观发生了变化。过去,社会推崇可靠、忠诚、专业知识和团队合作,而今,新秩序推崇企业家精神、随机应变和天生反骨。[4]现在,从"医疗服务"到"威士忌生产",每个人都声称自己在"创新"和"开拓"。福特主义曾承诺的就业保障已不复存在。在一家公司工作40年,再也没有金表奖励;现在我们30岁时已待过四家公司。越来越多的工作是以项目为单位,涉及承包商、分包商、顾问、自由职业者和临时工。不稳定是常态。我们做着零工(这个艺术术语并非巧合),尽管很多工作看起来像以前一样机械,毫无意义,但我们努力遵循着史蒂夫·乔布斯(Steve Jobs)给斯坦福大学2005届毕业生的指示:"做你喜欢的事情。"[5]

有一种流行的说法是，这种新思潮是互联网时代嬉皮士成长为企业家的产物。的确，20世纪70年代是个性解放、思想独立、潜能发挥和自由生活方式的繁荣时期。尽管其中有许多革命性的意味，但正如观察家们从20世纪60年代末开始所说的那样，它们也与一种过度亢进的消费资本主义完美吻合，这种资本主义迎合了我们对自我价值实现的渴望。然而，正如我们所看到的，这种"新"资本主义文化的种子在20世纪50年代就已经开始萌芽了。后工业社会的先知们，包括那些支持创造力的人，已经把这种社会的到来看作一个自然而然的结果。尽管他们可能并没有预测到这样的结果，也不希望被契约自由主义侵蚀，但他们或许会对自己助力形成的社会新规范报以微笑。蔑视官僚主义和自我感觉良好的朝九晚五的工作模式，不定性、适应性和不妥协性的个人主义的价值提升，坚信热情可以促进开展工作以及新思想可以解决各种问题——所有这些价值观，都归于福特主义企业秩序的失败，它们已成为新经济中充满活力的理想典范。从这个意义上说，对创造力的崇拜可以被看作连接战后时代和我们现今社会的思想桥梁——尽管60年代后出现了种种裂痕，但创造力本身仍然完好无损。

机构创造力的延续与变化

20世纪60年代中期创造力研究中断，这个领域处于一个尴尬时期。该研究领域已建立起了令人印象深刻的研究语料库和相应的组织机构，但因概念模糊，遭到了来自专业人士更为广泛的强烈反对。20世纪70年代在对创造力的学术研究有一段沉寂之后,新一代的研究人员又举起了创造力的旗帜。

其中一些新研究反映出了转向社科领域的趋势。新左派(New Left)人士进入学术界,声称要对"社会"进行重新认识。许多研究人员认为,第一代的创造力研究过于关注"有创造力的个体",而他们将把关注点放在社会和文化背景如何影响创造性行为上。[6]然而,这种以社会为导向的研究仍主要关注个人创造力如何受外部影响,并强化自主创造力概念,如特蕾莎·阿玛比尔(Theresa Amabile)发现,创造力取决于"内在动机"而不是外部激励。[7]

还有一个研究趋势是神经科学的兴起。通过观察大脑内部结构,能够揭开从爱情到毒瘾等一切事物的神秘面纱,这激发了人们的想象力。当然,人们应该把目光转向创造力,就像吉尔福特尝试他的经验主义方法一样。2008年有一项被广泛报道的研究,即让一位爵士钢琴家躺在核磁共振(fMRI)机器里,面前悬一个键盘,在他即兴演奏时观察其大脑被激活的区域。[8]社会心理学和神经科学的许多研究都继续使用发散性思维测试,如吉尔福特的电池测试和托伦斯的创造性思维测试,尽管对这两个测试的有效性都长期存在质疑。

一如既往,"伟人"学说在霍华德·加德纳(Howard Gardner)的《创造思想:从弗洛伊德、爱因斯坦、毕加索、斯特拉文斯基、艾略特、格雷厄姆和甘地的生活中剖析创造力》(*Creating Minds: An Anatomy of Creativity Seen Through the Lives of Freud, Einstein, Picasso, Stravinsky, Eliot, Graham, and*

Gandhi）一书中也得到了迅速的延续与发展。迪恩·基思·西蒙顿（Dean Keith Simonton）作为研究创造力的权威，著有《天才》（*Genius*）、《创造力》（*Creativity*）、《领导力与伟大》（*Leadership and Greatness*）等书，他致力于理解"科学、哲学、文学、音乐、艺术、电影、政治和战争等领域的人的卓越、天赋和才能"。作为千禧之交撰写关于创造力的作品被引用最多的作家，米哈里·契克森米哈赖早期的创作是在导师雅各布·格泽尔斯（Jacob Getzels）的指导下完成的［后者在1962年的里程碑式作品《创造力与智力》（*Creativity and Intelligence*）中认为，创造力应该被视为一种独特的能力］，但后来他却批评他导师将创造力过于简单地等同于"发散思维"。契克森米哈赖试图将对创造力的研究重新置于坚实的实验基础上，即对一组明确的特定人群进行测试。他研究了几十位知名人士，包括社会学家大卫·里斯曼、博物学家史蒂文·杰伊·古尔德（Steven Jay Gould）和钢琴家奥斯卡·彼得森（Oscar Peterson）［还包括心理学家、政治家、创造力研究资助者约翰·加德纳；还有长期拥护创造力的摩托罗拉首席执行官罗伯特·高尔文（Robert Galvin），据闻，他向公司的每一位员工都分发了亚历克斯·奥斯本的《你的创造力》］。[9]

但如以往一样，这些研究不是为了理解天才或卓越本身；相反，它是为我们自己汲取经验的。阿玛比尔解释说，学者们"努力理解毕加索、达·芬奇、爱因斯坦的经历"，看看"如果可能的话，我们与这些了不起的人有什么共同之处"。契克森米哈赖在1997年的《创造力》（*Creativity*）一书中写道，理解有创造力的人可以"让我们的生活更有趣、更有成效"。创造性的生活可以是一种"模式","一种比大多数普通生活更让人满意的生活方式"。他写这本书的目的是告诉读者"如何使你的生活更像那些富有创造力的人的生活"。[11]

尽管冷战结束,福特主义秩序衰落,但创造力研究人员仍担忧现代社会制度会阻碍进步,他们相信只有通过创造性思维才能拯救人类文明。阿玛比尔和贝丝·A. 亨尼西(Beth A. Hennessey)写道:"只有通过创造力,我们才有希望解决我们的学校和医疗、城市和城镇、国家和世界经济面临的无数问题。创造力是推动文明进步的关键因素之一。"[12]契克森米哈赖将创造力称为生物进化的"文化对等",他说我们必须理解创造力,因为"解决贫困或人口过剩的办法不会自行出现"。[13]和最初一样,研究创造力是因为担心创造力缺乏。

当代创造力研究者仍在试图解决曾困扰他们研究前辈的问题——标准。目前尚不清楚的是,对爵士钢琴家进行核磁共振成像研究是否与著名科学家的传记相匹配。尽管如此,研究人员还是强烈地想要统一这个研究领域的标准。阿玛比尔和亨尼西担心新创造力研究的涌现会导致该领域研究的"碎片化",他们建议采用一种"包罗万象"的理论,将研究中"最内在的神经学层面和最外在的文化层面"结合起来。[14]他们用一系列同心圆来代表这种假设,即神经学研究处于圆圈中心,然后认知、个性、群体、社会因素分别逐渐由内向外辐射。[15]尽管社会不断发生转变,但有创造力的人——或者实际上是有创造力的大脑——仍然是这个概念的核心。

和以前一样,"学术创造力"研究与"应用创造力"研究是齐头并进的。如今,头脑风暴的无处不在,我们甚至忘记了它曾经波折的推进历史。现在关于创造力的方法、课程和顾问逐年增加,向越来越多的人传递着每个人都具有创造力的福音。这种声音也在世界各地传播。2019 年,我去荷兰最大的理工类学校——代尔夫特理工大学工业设计工程系(Industrial Design Engineering Department at the Delft University of Technology)工作。上班第一天,我路过一个工作室,那里的屏幕上写着"集思"(synnectics)。学生们不明白我为什么感到新奇,他们说,他们正在上一门关于设计方法的课程,学习激发创造力的技巧。不久之后,我被邀请加入一个导师团队,开发一门新的创意辅修课程。这些人在世界各地的大学课程中学习了创造力,认为亚历克斯·奥斯本、西德尼·帕尼斯和乔伊·保罗·吉尔福特是这个领域无可争议的创始人,并将他们纳入了新课程。此后不久,我参加了"欧洲创意与创新协会"(European Association for Creativity and Innovation)举办的一次活动,西德尼·帕尼斯布法罗遗产(Sidney Parnes's Buffalo legacy)的长期继承人、遗孀比娅·帕尼斯作为名誉客人受邀出席。

布法罗仍然是创造力研究领域的中心——创造性问题解决研讨会(Creative Problem Solving Institute)每年仍在那里举行,帕尼斯于 1967 年建立的布法罗州立学院国际创造力研究中心(International Center for Creativity Studies at Buffalo State College)现在授予科学硕士学位(Master of Science)和创造力辅修本科学位(undergraduate minor in creativity)——自那以后,许多其

他研究创造力的实践中心也加入了布法罗,包括佐治亚大学的托伦斯创造和人才发展中心(Torrance Center for Creativity and Talent Development at the University of Georgia)。虽然许多从这类项目毕业的学生继续从事着管理、市场营销和艺术等方面的职业,但许多人自身也成为创意顾问和创造力研究的推动者。新的研究理念层出不穷,最新的似乎是设计思维(DT),它与头脑风暴有着惊人的相似之处。两者都是一系列按部就班的训练步骤和标准性的练习材料——如果头脑风暴用的是想法清单,那么设计思维就是便利贴,每一次DT会议上各种便利贴数量成倍增加。两者都在慢慢地准学术性制度化——斯坦福大学哈索·普拉特纳设计学院(Hasso Plattner Institute of Design)专门研究DT。与奥斯本一样,DT的主要倡导者大卫·凯利(David Kelley)也认为,DT可以用来解决任何类型的问题。凯利是"人本设计"的实践者,他认为设计应该顺应变化,真正的创造力应该要有"同理心",要产出更人性化的解决方案。因此,与奥斯本一样,凯利认为DT应该在每个领域进行实践,并融入每个学院的课程。跟头脑风暴一样,设计思维在设计师(他们认为这是对设计师实际工作的粗暴简化)和人文学科领域(有些人认为它过于功利,是商业性的问题,而并非指向它所暗示的棘手的政治和哲学问题)都面临一些阻力。

事实上,一如既往,对创造力的追求,无论是在学术界还是在应用创造力方面,通常都或隐或明地以工业发展为导向。最近关于创造力的许多研究都来自组织研究领域,许多顶尖的研究人员都在商学院工作。许多支持创造力研究的学术中心都倾向于与设计、工程或商业学院，而不是与艺术、人文、政策或社会正义学院合作。[16] 应用创造力的人是一群热情活泼的人，他们对于商业机构支付他们大部分个人账单的行为有一种矛盾的心理。他们经常认为自己处于古板的商业文化的边缘，甚至是之外。在这些空间中，他们往往是以"以人为本"或"负责任"的方式来解决问题的。与此同时，他们有着一种近乎纯粹的信念，即在任何情况下通过创造力来解决问题都是一件好事。

永恒的谬论

当代创造力文学中最令人好奇的一件事是，即使在70年后，创造力研究的专家们仍在试图消除人们对创造力的浪漫主义误解。吉尔福特、巴伦和马斯洛说，他们自一开始就一直想消除这种误解。

《商业周刊》（*Bussiness Week*）前编辑、帕森斯创新与设计学院（Parsons Professor of Innovation and Design）教授布鲁斯·努斯鲍姆（Bruce Nussbaum）写道："我们过于放大孤独的诗人在阁楼里挨饿或在远离文明的池塘边涂鸦，认为那才是创造力，但越来越多的研究表明，我们每个人其实都有创造的能力。"[17] 广受欢迎的培训视频《日常创造力》（Everyday Creativity）揭示了"关于创造力的一个令人惊讶的真相：它不是一个神秘的事件，而是一种现成的工具"。《创造力百科全书》的编辑、心理学家罗伯特·斯滕伯格（Robert Sternberg）写道："人们经常谈论的创造力好像是少数人的宝贵财富……尽管梵高、弥尔顿或贝多芬等人的作品是令人惊叹的……但我们相信，创造力，就像智力一样，是每个人都拥有的东西。"[18] IDEO（全球创新设计咨询公司）和斯坦福大学设计学院的创始人汤姆·凯利（Tom Kelley）和大卫·凯利写道："当你听到'创造力'"这个词时，如果你和许多人一样，立刻想到的是雕塑、绘画、音乐或舞蹈等艺术活动。你可能把'创造性'等同于'艺术性'了。……或者你可能觉得创造力是一种天生的特征，就像棕色的眼睛一样，要么天生自带，要么就没有。"这两位将其称为"创造力谬论"。

但是读者真的认为创造力是艺术家和天才的专属吗？是我们认为它神秘、非理性、轻率，还是我们被这样告知的？我们自己有这样想过吗？正如本书所表明的那样，那些写过创造力的人并不这样认为。创造力作家们所争论的那些观念似乎与创造力无关，而与其他事物相关。社会有没有经常强调是天才推动着进步？答案是有。但有没有人说过只有天才才能想出新点子？当然没有。我们是否经常将艺术天赋与科技智慧区分开来？答案为是。但有人说过发明者没有创造力吗？据我所知没有。

那么，创造力作家真的如他们自己所说，对这些长久以来的"谬论"感到沮丧吗？或者，这些所谓的见解，对于任何关于创造力的研究来说都是重要的？在某种程度上，我们确实相信这些关于创造力的谬论——据创造力专家所说，他们确实经常遇到那些坚持认为自己"没有创造力"的人——这是否与每次只要提到创造力都总说与艺术家和天才有关，如同带普通大众走上舞台都只有短暂时间，让其感觉出主角本来就不是他们？[19] 在凯利的书中，我们看到一幅关于"创造力谬论"的文章的插图，发现它恰好就是一幅展示抽象艺术的水彩画。在全书中，你会发现所有的插图——都充满活力，略带卡通风格——比如一个画家站在他的画架上，一个巡回演出的吉他手在散步，而这本书并不是讲如何绘画或写歌的。[19]

创意文学这一类型，无论是学术性的还是指南性的，实际上都总是在艺术与非艺术（在20世纪60年代后，更多介于高雅艺术与商业艺术之间）、天才与非天才之间来回拉扯。如果没有对天才学说的干预，创造力这个概念就没有了讨论价值，也似乎少了点乐趣。似乎干预本身，一种对"伟人"理论的干预（尽管它经常赞扬伟人），以及对浪漫主义——所谓的精英主义和蒙昧主义的干预（尽管它让我们的生活变得迷人），就是在创造力概念下要做的事。

这是一种讨巧的说法。无论每个人是否真的认为是 x，"每个人都认为是 x，但实际上是 y"，这个公式几乎是所有通俗非小说作品的出发点，也是相当一部分学术作品的出发点。但它也说明了这一类型的更深层次逻辑。正如战后的研究人员即使一直在研究神殿里的天才，他们也努力将创造力与天才区分开来；正如人本主义心理学家也坚持认为创造力不仅仅属于艺术，尽管他们把艺术家作为有创造力的人的原型；当代创造力文学也否认其只属于艺术家，从而给其他领域以创造力的空间。

事实上，正如我们所看到的，这个词本身并不只意味着天才的行为或自我的艺术表达。相反，它总是指一种比天才更普遍的特质，这种特质既适用于发明，也适用于艺术。这并不是说我们发现了一些长期被误解的隐藏的真相,而是我们有了一个概念,它体现了我们想要看到的真相。

创造一切

创意产业(Creative industries)、创意阶层(The creative class)、创意城市(Creative cities)、创意空间(Creative spaces),这些已经成为21世纪用词的一部分。乍一看,这些词似乎不言自明,例如,创意产业是由设计、电影、出版和时尚等创意性产业组成的。正因这些领域过去几十年的发展,我们需要用新的术语来概括它们。这些新术语不仅是描述性的,它们还很有抱负。在任何情况下,"创意"一词都不单一指某个方面(例如,是艺术而不是科学或工程);正如基思·内格斯(Keith Negus)和迈克尔·J.皮克林(Michael J. Pickering)所写,它还"提供了一种价值衡量和建立文化等级的手段"。[20]

20世纪90年代,"创意产业"一词在英国和澳大利亚被广泛使用。英国新工党(British New Labour)政府将其作为议程的中心,并推动了学校的创造力教育。这个词与之前的"文化产业"(包括传统艺术和商业娱乐)有微妙不同。它的范围较大,包括"信息产业"、"知识产权产业"和"知识产业"等领域,这些产业的利润要高得多。这带来的好处是双向的:技术和信息部门赋予了艺术与创新经济意义,而艺术则给电信工程等领域带来了一种酷炫的光环,并为国家更广泛的文化生活做出了贡献。[21]这种以支持创造力为核心的教育改革推动了行业发展与激发了改革热情。

广告及其相关行业发展显著,并扩展到媒体制作、写作、设计和战略等领域,这些都可以在今天的"创意企业"中找到身影。这些企业继承了广告业的传统、叙事和语言风格,包括整体的创意改革框架,在这个框架中,它们是有趣的、叛逆的、有远见的,无论客户喜欢与否,它们都能为其带来价值。正如肖恩·尼克松(Sean Nixon)所写的,广告领域的人有了"一种独特的习惯……他们说着有创意的语言,追求创新,是成功人士的标志"。[22] 创意产业文学也借鉴了战后关于创造性灵活人格的描述,创作了时髦的自由职业者或拥有独立工作室的艺术家等文学形象,而不是曾经处于文化产业核心和新经济时代明星般的体制内音乐家或演员。

2002年的畅销书《创意阶层的崛起》(*Rise of the Creative Class*)中也出现了类似的分类。理查德·佛罗里达(Richard Florida)在书中指出,新的社会主导群体是那些"创造新思想、新技术和/或新内容"的人。[23] 这些人包括科学家、工程师、教师,甚至银行家,但其中心是一个由艺术家、作家、设计师、电影制作人、建筑师等人组成的"超级创意核心"团队。在对社会现状的戏剧性逆转中,佛罗里达写道,"资本主义已经……将影响力扩大到能吸引曾经被其排除在外的古怪和不墨守成规的群体……曾经被视为游走于波希米亚边缘的特立独行的人被置于创新和经济增长过程的核心地位……创造性个体是……新的主流"。[24] 与低收入的服务行业相比,创意阶层规模虽小,但其因重塑了社会规范而具有更大的文化影响力。佛罗里达注意到了波希米亚式的生活方式是如何被推广到各行各业的工作形式中去的，如在咖啡馆办公、穿着随意、工作时间灵活等。他把这种"新教"（Protestant）和"波希米亚"式的价值观统称为"创造性精神"（creative ethos），即我们这个时代的精神。

创意阶层的崛起解释了为什么在经历了一代人的撤资和白人外逃之后，人们又回到了城市里。佛罗里达说，城市有利于产生创造力。经典的经济理论认为工人会流向薪酬最高的地方，而佛罗里达却觉得有创造力的人不会轻易受金钱的驱使，他们更想在其父母逃离的都市中寻找激发创造力的能量，比如真实的社区、感性的体验、社会多元化和便宜的工作室。佛罗里达认为城市繁荣有"三个维度"——技术、人才和包容度（以对同性恋的接纳程度来衡量），这代表了城市对各种非常规思维的开放态度。这"三个维度"的综合指标是佛罗里达设立的"创造力指数"，他用这个指数对美国城市进行排名。

幸运的是，就像每个人都有创造潜力一样，每个城市也都有潜力成为一个新的创造力中心，只要它拥有一种接纳"创造性生活方式"的态度。匹兹堡和底特律"被困在旧机构主义时代"，对工作持保守的、"新教"的、"父权制的、白人的……朝九晚五的态度"。而奥斯汀却欢迎各种奇奇怪怪的人。[25]佛罗里达建议各城市放弃办公楼、购物中心和体育场馆的税收减免政策，转而专注于步行街、自行车道、历史文物文化保护设施等，因为这些更受创意阶层的青睐。

佛罗里达周游世界，为各国政府和商界领袖提供如何从创造力中获利的建议。2003年，他在孟菲斯主持了一次会议（孟菲斯在100万名居民以上城市的创造力指数中排名第49位，垫底）。会议结束时，来自北美各城市的被称为"创意100强"的与会者在三页纸的《孟菲斯宣言》（Memphis Manifesto）上签名，宣扬创意的福音。前言是这样开头的："创造力是人类的基础，是个人、社会和经济生活的重要资源。创意社区是充满活力、人性化的地方，培育个人成长，激发文化和技术突破，创造就业机会和财富，并接受各种生活方式和文化……'创意100强'相信未来的愿景和机遇是由思想的力量驱动的。"

很快，在理查德·佛罗里达的"打造创意阶级集团"（Richard Florida's Creative Class Group）的指导下，从普罗维登斯（Providence）、罗得岛（Rhode Island）到新加坡，"创意城市"开始在世界各地涌现。创意城市现象体现了一种开放式的实践形式和各种政策支持，包括从当地的"区域设计"到城市重塑，从对少数艺术工作室的补贴到大规模的"创新中心"的建立等。各创意城市融合了文化、城市设计和区域经济规划理念，其中一些可以追溯到20世纪60年代，其中包括基层社区艺术实践与策略性城市主义、"创意集群"理论（"creative clusters" theory）、"毕尔巴鄂效应"（Bilbao effect）——博物馆和文化设施将刺激旅游业，以及"SoHo效应"，即通过艺术家吸引更多富裕的居民到低端社区，从而刺激房地产投资。与此同时，新一代的城市规划者提倡可步行的、充满活力的、多功能的城市空间。创意城市——在很大程度上要归功于理查德·佛罗里达的努力——将这些潮流汇集于经济建设模式中，并结合创造力的概念，即通过创意设施吸引有创意的人，进而推动经济发展。[26]

创意城市范式汇集了不同寻常的联盟。去城市工业化的领导人从中看到了一个有潜力的经济增长来源，这似乎与他们重视多元化和社区发展相吻合。小而精的城市的规划者喜欢为他们的信念提供经济建设基础，而房地产开发商则在废弃的仓库中看到了新的可能性：这些仓库可以被改造成家居办公的阁楼。文化开明的商界领袖们希望有一个支持艺术的理由，而许多艺术家和文化机构，从传统艺术博物馆到生机勃勃的社区戏剧团体，都找到了一种新的、有力的语言来获取支持。事实上，它鼓励了一种全新的艺术实践形式，即"创造性的场所构建"，据报道，国家艺术基金会（NEA）的一项倡议受到佛罗里达作品的影响，鼓励艺术家们致力于废弃城市的美化和振兴。

包括创意产业、创意阶层、创意城市运动在内的整个创意经济范式，是战后大众文化批判的成熟产物。比起大公司，它更喜欢有创意的企业家；比起闪亮的新办公大楼，它更喜欢灵活再利用；比起福特式的功能明确区分，它更喜欢生活、工作、娱乐三者的融合。它也经历了高雅与低俗文化之间的后现代式分裂，认为在文化和经济上，蓝调酒吧与精美的艺术博物馆同样有价值。它毫不犹豫地将艺术与商业、技术区分开，但实际上却培养了它们之间的关系。

当然，现实状况要复杂得多。创造力的捍卫者所鼓励的联盟建立和部门整合并非那么容易实现。创意阶层内部存在分歧，正如道格·亨伍德（Doug Henwood）所说，"有人在布鲁克林布什维克的前工业环境里编写电子音乐，投资银行家在曼哈顿市中心制作金融衍生工具，技术员在沉闷的布鲁克林编写应用程序……他们过着截然不同的生活，有着截然不同的收入。"虽然设计、时尚和其他"超级创意"工作的机会迅速增加，但真正增加的收入还是流向了那些在 FIRE 行业（金融、保险、房地产和工程行业）里工作、看似不够酷炫的脑力劳动者手里。房地产投机让那些将城市变得很酷的艺术家们失去了生存空间。[27]

正如学者尼古拉斯·加纳姆（Nicholas Garnham）所言，创意部门的看法"有助于产生一个充满潜在敌意的利益联盟"。[28]在超级创意的核心中，许多优秀的艺术家不想被归为广告商和应用开发者，也讨厌被当作新经济体制的"诱饵"。2009年，在德国汉堡，一群艺术家和音乐家占领了一座即将被豪华楼盘取代的大楼，发表了一份名为《不以我们的名义》（Not in Our Name）的宣言，其中写道，自从理查德·佛罗里达来到这里，"欧洲一直被困扰"。[29]（佛罗里达认为，艺术家们并不真正关心政治，只要他们有创造力，就很乐意为公司工作；而这次抵制暴露了一个事实：波希米亚式的人群对此存在一些反对情绪。）

学者和社会活动家也把矛头对准了创意城市，认为它是"新自由主义城市发展的时髦一面"，是中产阶级化的一层薄薄的"虚饰"。尽管有进步的意味，但"创意城市剧本"让人们对安全社会的幻想破灭。有创造力的人不受金钱驱使，总是乐于工作，更喜欢零工而非稳定的职业，这种观念使后福特主义（post-Fordist）社会不稳定和超负荷工作常态化。创造性生活的成功哲学就像海妖的歌声一样召唤着人们，这对许多人来说无法实现，他们将失败归咎于更深层次的个体缺陷。批评人士指出，创意经济需要一群有抱负的创意人士组成"创意下层阶级",他们将自己的被剥削浪漫化为饥饿艺术家的永恒斗争。创意经济叙事的卖点是,每个人都拥有创造力,因此它会更加任人唯贤,对不同的声音更加开放,但对于有色人种和具有工人阶级背景的有抱负的创意人士来说,创意经济可能特别艰难,他们把创意工作作为一种命运自主的手段,却没有像白人一样从中受益的社会环境和金融资本。[30] 佛罗里达在多伦多大学任职后不久就出现了一个名为"创意阶级斗争"(Creative Class Struggle)的博客,该博客称,"'创意阶级'这个光鲜神话只会增强弱势群体的脆弱性,并进一步巩固强者特权"。[31]

然而,对许多人来说,至少有那么一瞬间,所有这些矛盾似乎都不明显。创造性社会的愿景在之前和现在仍然是令人惊讶地受欢迎,因为人们可以清楚地看到:它似乎将革新和增长与更全面的人文价值相协调。而把这些东西黏合在一起的正是创造力这个概念本身。它让人们把工程师和前卫的电影制作人归为同一"阶层";把一个本质上由金融、科技和知识产权驱动的经济体描绘成一个有着波希米亚式风格的经济体;认可城市争夺有限的"人才",同时也相信我们可以为每个人"创造"工作机会。创造力的概念允许人们将职业、生活方式与个人偏好解释为个性的表达,而不是社会阶层的区分;个人和经济增长之间的直接联系让我们看到,晚期的资本主义是人类努力想要表达自我的结果,而不是几十年的一系列政治选择。

最引人注目的不是创造力学说里花里胡哨的概念,而是它可以被实现,只要创造力的概念已经牢固融入我们的意识。理查德·佛罗里达让我知道,事实上,他对创造力的痴迷可能与

20世纪60年代他还是个孩子时流行的创造力心理学有关,而他口中的英雄——"有创造力的人",在某种程度上是一种"潜意识"的尝试,试图"将我内心的艺术家或音乐家与我内心的学者统一起来,试图说……它们可以同时存在于一个人身上"。[32]

21世纪初对创造力的崇拜是50年来创造力话语的逻辑结论,它彻底构建了我们的世界观,以至于我们几乎没有注意到由它可能产生的失误。我们甚至没有意识到它是多么轻易地掩藏了我们不想看到的矛盾。

创造力的文化矛盾

然而,当这些矛盾一旦被激化,就会让人感觉创造力的意义正在被利用、被贬低、被掏空。在最近一本名为《反对创造力》(*Against Creativity*)的书中,奥利·莫尔德(Oli Mould)说,"创造力的语言已经被资本主义化了",而今天创造力的概念只不过是一种"经济化的、偏向资本主义的版本"。他提出了另一种"革命性的创造力",致力于"创造资本主义没有意识到的新现象,并抵制资本主义的兼并、挪用和固化"。[33]但是,如果真正的创造力只是那些积极抵制资本主义的东西,那么我们应该怎么称呼那些不抵制资本主义的东西呢?难道流行歌曲的创作者或外卖应用的开发者就没有真正的创造力吗?[34]莫尔德似乎相信创造力讲述着自己的神话,即创造力是基本的,是先于商业和政治的,它最初被视为有着抵制资本主义和工业逻辑的浪漫主义价值。

到目前为止，我们知道情况并非如此。正如本书所表明的，创造力的概念实际上从未存在于资本主义之外，回顾其发展，这并不让我们感到惊讶；如果说我们对资本主义有什么了解的话，那就是它喜欢新奇的东西。事实上，资本主义扼杀新思想这一点是其早期发展的产物，自由主义批评家认为在那个特定的时代下，尤其是冷战时期，对个人命运的关注更重要。不，创造力并没有被轻视或玷污；实际上，它正被用来做它被创造出来要做的事情。

这倒也不是说创造力天生就属于资本主义。创造力不仅能吸引商业人士，也能吸引政治左翼人士，这些人出于自身原因，也对在压迫性体制中定位个人力量、模糊艺术界限、将焦点从过程转移到产品等感兴趣。[35] 例如，麒麟·纳拉扬（Kirin Narayan）在 2016 年出版的提及喜马拉雅女性唱歌（Himalayan Women's Singing）的《日常创造力》（*Everyday Creativity*）一书中指出，"在纪律约束和压抑的机构中，创造力可以成为找到自我的一种方式"。20 世纪 70 年代后的非裔美国人史经常强调黑人在压迫中通过即兴改编和创作来进行自由表达。后结构主义（post-structuralist）的文化学者强调偶发性和变数，经常运用吉尔·德勒兹（Gilles Deleuze）的"创造性行为"理论来讨论文化生产者如何积极地重构种族、性别和阶级压迫的观念。自 20 世纪 60 年代以来，许多激进的艺术实践都强调"过程重于产品"，以抵制资本主义的商品化。布兰迪斯大学"创造力、艺术和社会转型"项目（Brandeis University's "Creativity, the Arts, and Social Transformation" program）负责人辛西娅·科恩（Cynthia

Cohen）对我说，她需要一个"比艺术更有意义"的词。因为文化实践（即集体表现形式）不一定属于艺术范畴"。然而，科恩继续说："好在'创造力'的概念也'模棱两可'，它足以涵盖传统艺术、设计和创业学，让我这个项目可以在一个更注重商科的学校里被很好地理解。"[36]

换句话说，创造力与我们这个时代的许多方面得以共情，因此可以被视为战后和当下之间的一座桥梁。从某种意义上说，创造力是一种典型的现代主义价值：它颂扬人类创造自己世界的能力。但从另一个意义上说，它也是典型的后现代主义。它并没有特别强调真理，也缺乏进步的目标。对于所有的后工业乌托邦主义（postindustrial utopianism），创造力的拥护者并不设想最后所有问题都能得到解决，而是乐于看到世界处于一种不断变化的状态——问题和解决方案永远在共同产生中。这与适应变化和偶然性，不受天才叙事影响的学术氛围非常契合。

和我们中的许多人一样，很多将自己的职业生涯奉献给创造力的人，时常被一种潜在的欲望所激励，那就是想调和我们这个时代的各种矛盾，包括在实用与超越之间，在渴望伟大与信仰日常尊严之间，在现有工作与我们想要做的工作之间。如果说有什么不同的话，那就是这些矛盾在战后加剧了。尽管理查德·佛罗里达对世界的乐观看法存在诸多缺陷，但他将"创新精神"称为我们这个时代的精神，也证明他表达了他那一代人的志向与抱负。

结论：
该做些什么

我们现在有理由相信已经完全了解了创造力的概念，并认识到它往最好了说是不稳定，往最坏了说就是一个糟糕体系的错误意识矢量，我大概会建议干脆放弃这个概念。有几个人提出了这样的建议。[1]但我倒没这么要求。

创造力是一种工具，它可以做很多事情。我指出冷战资本主义时期对创造力崇拜的根源，并不是想说它受到了玷污或损害，也不是想说它会毁掉任何拥护它的进步议程。我只是想说，我们不应该想象有某种纯粹的创造力精神可供利用。从历史的角度来看，这样的事情根本不存在，我们也不应该感到惊讶，因为无论是在资本主义还是在任何其他类型的社会体制里，"创造的能力"都一样重要。正如亚伯拉罕·马斯洛的例子所示，我们可以试着以一种抵制功利主义和商品化的方式建立创造力理论，但这并不是说商学院就不能教授创造力。如果创造力的概念从一开始就只真正存在于资本主义社会，那么与其提倡发挥创造力，还不如别把它看成革命力量之源。当然这并不意味着我们要拒绝它。

事实上，我还挺喜欢创造力这个概念的。那种创造出东西的感觉，那种有了新想法然后去实现的感觉，那种看着东西在你手中成形的感觉，那种我在写这本书时偶尔体会到的感觉——一种美丽、神秘、让生命有意义的感觉，除了"创造力"，我不知道该怎么称呼它。即使在这个项目中，我偶尔也会发现，当我陷入瓶颈或过于学术化时，我需要一些普适性的建议来激发自己的创造力。

我还认为，我们需要认真看待创造力所解决的许多问题。在某种程度上，这本书记录了一些人口中所提到的20世纪中叶工业社会缺失的东西，我们需要倾听他们的声音。尽管我个人并不喜欢工作狂，因为那会让我觉得每天只工作4小时（或者每周只工作4小时）很丢人，但我赞同社会主义者威廉·莫里斯（William Morris）的观点，即人们天生喜欢把工作做好。当我们思考该如何处理工作问题时，应首先考虑如何激发人们的工作能动性和建设性。争取最低工资甚至全民基本收入的斗争也必须关注工作质量本身，对一些人来说，如果这是关于建造某样东西，或解决某种问题，或做出某个决定，或任何以"创造力"名义进行某项活动，那么它都应该具有创造性。

对创造力的崇拜是对过度理性的一种回应，因为很多方面都太注重理性思维了。在一个每件事都被量化，科学、技术、工程和数学教育各方面都得到加强，而艺术教育和人文学科被愈发边缘化的世界里，任何推动艺术教育复兴的努力都应得到支持。在很多情况下，只有倡导创新的人才会告诉工程师们去艺术博物馆转转，或建议他们采用非科学的方式来思考问题。

不过，有些对创造力崇拜的批评似乎是不言而喻的。首先，就艺术而言，虽然我没有兴趣在高雅艺术与日常文化，甚至科学与艺术之间探寻界限，尤其是因为我们的现实生活挑战了这些界限——但我担心创造力的概念会将它们混为一谈。正如我所提到的，创造力的概念，伴随着艺术形象和个性表达，经常被用来评判其他让人质疑的或无趣的进步形式，比如中产阶级化或石油开采。我也担心这些言语行为限制了艺术的范畴。当我们认可艺术等同于创造力时，我们认为艺术本质上具有新颖性。当我们假设创造力就是艺术的源泉时，我们忽略了艺术创作的其他动机，比如渴望被认可、交流或传承传统智慧，而接受了不断追求差异的知识产权制的观念。同样，对于科学来说，当我们认为创造力比发现新事物更重要时，也会忽略掉诸如好奇心或理解力的驱动因素，这些动机通常都更温和一些。当然，我敢肯定，支持创造力的人也会认可好奇心、沟通力和关心他人。但如果只是突出这些点会意味着什么呢？宣扬艺术博物馆是为了"促进交流"而非"创造力"吗？那我们的世界观又会有怎样的改变呢？到那时，我们会不会把外交官和婚姻顾问而不是发明家和企业家放在实用指南手册和心理学研究中呢？当然，那也会有新的盲点和问题，但这种实验性的想法让我们看到了我们所谓的无争议说法的隐含价值。

其次，我不赞同对创造力的狂热崇拜，这种狂热太痴迷于所谓创新的想法。创造力的拥护者说，创造力是解决世界上棘手问题的必要条件。我不太确定。当我回顾四周,看到很多最棘手的问题实际上已经有了大量的解决方案和充分的技术,我们还得排个优先级来选择先尝试哪一种。我们真正缺乏的是一种政治意愿。创造力最终服务于现状,让我们相信,我们并不是要寻找一个完美的方案来解决一个大的问题就够了,而是要解决可能阻碍企业发展的许许多多的小问题。叶夫根尼·莫罗佐夫(Evgeny Morozov)展示了硅谷的"颠覆者"们是如何相信自己的工作超越了所有制度和既定规则,并为每个问题都提供了个性化的解决方案的。关于创造力的论述经常带有这种反制度的精神,而它其实比技术性的解决方案更为广泛。当我们不断把创新者偶像化,不断传递出拯救世界必须提出大胆创新想法的讯息时,我们鼓励我们的理想主义青年将自己视为"社会企业家",而不是集体变革项目中的一员。是的,机构钙化是一个真实存在的现象,而一般外来的领导者大都不怕改变固化的现状,这让人觉得很有活力(只要"改变现状"不是私有化、缩小规模等的委婉说法)。但是,当整个"改变世界"的运动条件反射式地一味贬低那些一直在深思熟虑研究棘手问题的行业专家和社会活动家时,我们往往忽略掉他们长期以来的系统性分析和处理这些问题的系统性(即政治)手段,并去进行一些零碎的干预,这些干预因为从未被尝试过而显得激进。[2]

正如我们所看到的,在一个更愿意从心理学角度看待问题的时代,创造力的概念被看作解决结构性问题的心理学方案。在许多方面,我们都仍然处于这样一个时代——看看我们是多么急切地通过医学和神经学来解释孤独和抑郁等广泛存在的心理问题，这些问题都有着深刻的社会根源。阻碍我们拥有一个更美好世界的是我们自己的"创造性思维"，这种想法给我们个人带来了很多压力，但让我们摆脱了政治行为者的责任。

最后，我认为对创造力的崇拜以牺牲从事其他类型工作的人为代价，仅使从事"创造性工作"的人觉得有价值——而正如我们所看到的，对创造性工作的定义相当狭隘。只有创造力才使我们成为真正意义上的人，这一说法既模糊又过于局限，尤其是它使人性的其他行为显得无足轻重，比如关心、维持、收集、重复利用、复制、战斗，甚至追随。

碰巧的是，过去几年发生的事迫使人们对创造力的崇拜开始反思。2019年新冠病毒的暴发表明，人们愿意重新理清经济增长和生产力的关系。这几年出版的书——《做你爱做的事：关于成功和幸福的其他谎言》(*Do What You Love: And Other Lies About Success and Happiness*)、《工作不会爱你》(*Work Won't Love You Back*)、《激情的烦恼》(*The Trouble with Passion*)、《别再工作了》(*No More Work*)——让我们深深体会到通过工作获得创造性满足感的剥削压力。许多人失去了那么多的亲人和那么多纯粹的社会关系，他们开始以一个真正意义上的社会人的身份而不再通过其对社会的产出来重新定义自己。与此同时，这场流行病几乎立即让我们看清了什么才是"重要"的，因为当时维持社会运行的几乎都是那些被认为没有创造力的职业——家禽厂工人、杂货店店员、护士、送货司机。我们开始看到基础设施的维护和实物商品——不是思想——才是维持我们所有人生命的重要存在。

最重要的是，从气候变化到无处不在的微塑料，这些不断升级的环境灾难已经充分表明，对创新、增长和突破的崇拜正在毁灭我们。世界上大部分地区的左翼和右翼对新自由主义的抵制，服务业和白领行业有组织的劳工复兴，都反映了渴望重回集体主义和对个人主义——这个几十年来被看作二战后的文化遗产——的排斥（至少在有些方面）。

也许可以有另外一种理想，这甚至很必要。例如，艺术家兼作家珍妮·奥德尔（Jenny Odell）认为，在我们这个以电脑屏幕为基础、以社交平台为媒介的环境中，有着不断刺激创造和消费的冲动，这是资本主义攫取我们注意力的一种阴谋。毫无创造力的行为，如漫无目的的闲逛或观鸟（或者，她敏锐地称之为"听鸟"），为我们日常口中经常提及的"发展"提供了"一种镇静剂"。她写道，如果我们能将建设性社会的概念从创造新产品转变为"运维和照料"，或许我们就能建立起集体意志，重新平衡一个不可持续和不公正的社会体系。[3]

一群科学技术研究者对"运维者"（Maintainers）的说法表示赞同。长期以来，他们这个领域一直崇尚"创新"。但李·文塞尔（Lee Vinsel）和安德鲁·拉塞尔（Andrew Russell）却指出，"创新之后的运维"更为重要。"基础设施的建设、维修以及高效的运维，对人们日常生活的影响远远大于绝大多数技术创新。"像奥德尔一样，运维者们看到了其存在的重要意义，无论他们是负责运维现有体系的70%的普通工程师，还是更多的护士、商人、看门人、厨师、垃圾搬运工，或者是其他维持我们这个世界使其不至崩塌的人。

严肃的经济学家也开始从根本上质疑过分强调经济增长的论调，提出了所谓的去增长和甜甜圈经济模式（de-growth and donut economy models），这些模式不仅减少了浪费，还要求社会应该首先关注到底需要生产什么。正如我们所看到的，关于创造力（creativity）的论述，就像关于创新（innovation）的论述一样，很少涉及道德问题。"创新话语一味地崇尚变革，却很少问及到底谁受益了，又是为了什么而创新？"文塞尔和拉塞尔写道："对'运维'的关注提出了这样的问题：我们到底想从技术中获得什么。我们真正关心的又是什么？我们究竟想要生活在一个什么样的社会里？"[4]

以上并不是说新的想法不重要，也不是说新技术在拯救世界方面没有用。这只是表明，无论我们是否鼓励"创造力思维"或理解"创造力的运行方式"，新事物、新技术都会产生。我们既不用重回对技术官僚的盲目信仰，也不需要重新建立严格的文化等级制度。但我们需要稍微重拾对集体力量的欣赏，回归关怀与运维的伦理和对艺术创新的热爱，尊重深思熟虑的科学研究，最重要的是，能对新生的事物提出疑问也许是现在我们所需要的伟大理念。

致　谢

在过去的十年里,我在这个项目上需要感谢的人很多。创造力是许多人想要讨论的话题之一,我很感谢在会议上、飞机上、聚会和研讨会上和我交谈过的每一个人,他们给了我很大的帮助,需要致谢的人多到我真的无法说出所有人的名字。

这个项目始于桑迪·锌普(Sandy Zipp)、史蒂夫·路波尔(Steve Lubar)、罗伯特·瑟尔福(Robert Self)和杰米·科恩－科尔(Jamie Cohen-Cole)的英明建议。我在布朗大学(Brown University)的同事们——安妮·格雷·菲舍尔(Anne Gray Fischer)、帕特里克·钟(Patrick Chung)和艾丽西亚·马加德(Alicia Maggard)都给予了我很大帮助,没有他们这本书就不可能完成,他们给予了这本书的最初版本很详细且让人受益的反馈;我的同伴们——贺拉斯·巴拉德(Horace Ballard)、克里斯·埃利亚斯(Chris Elias)、马吉达·卡尔博(Majida Kargbo)、克里斯特尔·恩戈(Crystal Ngo)、米迦·萨尔金德

（Micah Salkind），还有莎拉·马西森（Sara Matthiesen）、本·霍尔茨曼（Ben Holtzman）、约翰·罗森伯格（John Rosenberg）、伊丽莎白·西西（Elizabeth Searcy）、莎拉·布朗（Sarah Brown）、敖德妮·黑尔加多蒂尔（Oddný Helgadóttir）、康奈尔·潘（Cornel Ban）、罗宾·施罗德（Robyn Schroeder）和埃琳娜·冈萨雷斯（Elena Gonzalez），让整个过程变得极有意义。我还要感谢基拉·露希尔（Kira Lussier）、布雷顿·福斯布鲁克（Bretton Fosbrook）、马修·哈夫拉（Matthew Hoffarth）、维多利亚·凯恩（Victoria Cain）、伊桑·赫特（Ethan Hutt）、马修·维斯基诺斯基（Matthew Wisnioski）、弗雷德·特纳（Fred Turner）和阿拉娜·斯塔伊蒂（Alana Staiti）等，他们给了我宝贵的学术意见和耐心陪伴。我还要特别感谢雪莱·罗恩（Shelly Ronen）和李·温瑟尔（Lee Vinsel），因为他们一直始终如一、热情奉献。利兹·西西（Liz Searcy）编了很多次稿，丹尼尔·普拉特（Daniel Platt）也从头到尾都在，他们的聪明才智极大地改进了这本书。

我的研究还得到了布朗大学图书馆数字奖学金中心（Brown University Library's Center for Digital Scholarship）、哈蒂信托研究中心（Hathi Trust Research Center）、哈格利博物馆和图书馆（Hagley Museum and Library）以及史密森学会发明与创新研究中心（Smithsonian Institution's Lemelson Center for the Study of Invention and Innovation）的支持，埃里克·欣茨（Eric Hintz）也对此给予了热情指导。我还要感谢美国国家历史博物馆档案中心（Archives Center at the National Museum of American History）、纽约州立大学布法罗分校（SUNY Buffalo State）、布法罗大学（The University at Buffalo）、

佐治亚大学哈格雷特珍本和手稿图书馆（the Hargrett Rare Book and Manuscript Library at the University of Georgia）、华盛顿特区国会图书馆（the Library of Congress in Washington, DC）和布朗大学洛克菲勒图书馆（Rockefeller Library at Brown）中的学识渊博的工作人员。还有那些在创意领域充满热情、大度包容、知识渊博的人们对我工作的支持，他们是特蕾莎·阿玛比尔（Theresa Amabile）、鲍勃·约翰斯顿（Bob Johnston）、里奥·布德罗（Leo Boudreau）、理查德·哈里曼（Richard Harriman）、卡瓦斯·戈拜（Cavas Gobhai）、多里·沙尔克罗斯（Dorie Shallcross）和约翰·奥斯本（John Osborn），他们都慷慨地付出了宝贵的时间并提供了专业知识，助我找到穿越世界历史的道路。我还要感谢卡琳·修玛（Karin Hibma）、布鲁斯·博迪克（Bruce Burdick）和安迪·克莱默（Andy Kramer）提供的各种档案和回忆录。

如果没有佩吉·费兰（Andy Kramer）、迈克尔·卡汉（Michael Kahan）、我的同事和斯坦福创意城市倡议及斯坦福人文中心（Stanford Creative Cities Initiative and the Stanford Humanities Center）的参与者们，这本书也出版不了。斯坦福历史工作小组（Stanford History working group）成员的鼓励和投入也是不可或缺的。我在代尔夫特理工大学（Delft University of Technology）的同事们，包括保罗·赫克特（Paul Hekkert）、皮耶特·德斯梅特（Pieter Desmet）、阿姜·范·德·赫尔姆（Adjaan van der Helm）、罗伊·本德尔（Roy Bendor）、吉尔杰·范·阿克特伯格（Geertje van Achterberg）、文森特·赛璐希（Vincent Cellucci）、米

兰妮·贡萨尔维斯（Milene Gonçalves）、威廉敏·布劳威尔（Willemijn Brouwer）、卡特里娜·海耶（Katrina Heijne）等等，他们让我对创造力真正的专业知识有了新的认识和共鸣。我也永远感激布莱克叶·范·艾克伦（Bregje van Eekelen），在过去的三年里，她一直是给予我关怀的导师、富有影响力的对话者和充满热情的"啦啦队队长"（cheerleader）。

我要感谢我的编辑蒂姆·门内尔（Tim Mennel），感谢他对我和这个项目的信任。他和芝加哥大学出版社（University of Chicago Press）的苏珊娜·恩斯特姆（Susannah Engstrom）、卡特琳娜·麦克莱恩（Caterina MacLean）、阿德里安娜·迈耶斯（Adrienne Meyers）以及埃文·杨（Evan Young）一起给予了这个项目耐心的指导。我还要感谢霍华德·布里克（Howard Brick）和一位匿名读者的宝贵意见。黛安·凯迪（Diane Cady）、凯瑟琳·奥斯本（Catherine Osborne）、安妮·霍洛维茨（Anne Horowitz）、卡莉·汉德尔曼（Kali Handelman）和塔娜·沃伊查克（Tana Wojczuk）帮我度过了艰难的历程，让我理清了思路，弄明白了本书到底需要表达什么。

生活中总有那么一些人给你足够的勇气和信心。在这个项目中，有很多次我都想打退堂鼓，但是阿维·德克特（Avi Decte）、梅丽莎·马滕斯（Melissa Martens）、劳里·霍尔德曼（Lauri Halderman）、马丁·施瓦巴赫（Martin Schwabacher）、多萝西·菲什曼（Dorothy Fishman）和阿赫伦·科恩（Ahren Cohen）等的善良和打气的声音总是回响在我耳边，让我有力量继续前进。我的父母安德鲁·富兰克林（Andrew Franklin）和奥黛丽·菲什曼·富兰克林（Audrey Fishman Franklin），使我有信心接受这样一个项目。布鲁克·兰珀德（Brooke Lamperd）扮演了上面提到的大部分角色。她为这个项目承担了很多，她永远无法知道我是多么感激她对我付出的爱、智慧和牺牲。

注　释

引　言

1. Daniel H. Pink, *A Whole New Mind: Why Right- Brainers Will Rule the Future* (New York: Riverhead Books, 2006); David Brooks, *Bobos in Paradise: The New Upper Class and How They Got There* (New York: Simon & Schuster, 2000); Richard Florida, *The Rise of the Creative Class: And How It's Transforming Work, Leisure, Community and Everyday Life* (New York: Basic Books, 2002); Ken Robinson, *Out of Our Minds: Learning to Be Creative* (New York: Capstone, John Wiley, 2001); Kimberly Seltzer and Tom Bentley, *The Creative Age* (London: Demos, 1999).
2. Austin Carr, "The Most Important Leadership Quality for CEOs? Creativity," *Fast Company*, May 18, 2010.
3. "This Is the One Skill that Will Future- Proof You for the Jobs Market," *World Economic Forum*, October 22, 2020, https://www.weforum.org/agenda/2020/10/andria-zafirakou-teacher-jobs-skills-creativity/.
4. Norman Jackson et al., eds., *Developing Creativity in Higher Education: An Imaginative Curriculum* (London and New York: Routledge, 2006), xviii.
5. Scott Barry Kaufman and Carolyn Gregoire, *Wired to Create: Unraveling the Mysteries of the Creative Mind*, reprint edition (New York: TarcherPerigee,

2016); Jonah Lehrer, *Imagine: How Creativity Works* (Boston: Houghton Mifflin Harcourt, 2012).

6. Christopher Peterson and Martin E. P. Seligman, *Character Strengths and Virtues: A Handbook and Classification* (New York: Oxford University Press, 2004), 4.

7. 创造力研究专家喜欢的一句话，通常被认为是爱因斯坦说的，但正如爱因斯坦的许多名言一样，这句话可能并非出自他，而且这句话最初似乎是关于"想象力"而不是"创造力"的。"Creativity Is Intelligence Having Fun," Quote Investigator, accessed November 10, 2021, https://quoteinvestigator.com/2017/03/02/fun/.

8. Mihalyi Csikszentmihalyi, *Creativity: Flow and the Psychology of Discovery and Invention* (New York: Harper Perennial, 1997), 1–2.

9. Beth A. Hennessey and Teresa M. Amabile, "Creativity," *Annual Review of Psychology* 61, no. 1 (January 2010): 570.

10. 英国新工党政府在20世纪90年代将"创造力"写入主要的教育、经济发展政策文件，一群学者发现了这个词的七种不同概念，包括从高雅艺术到城市青少年的街头文化，再到学童的想象力游戏等，从一种人格特质到一种社会现象，无所不包。参阅 Shakuntala Banaji, Andrew Burn, and David Buckingham, *The Rhetorics of Creativity: A Review of the Literature*, revised edition (London: Creativity, Culture and Education, 2010); 关于创造力意义的其他有益讨论，请参见 Mark Readman, "What's in a Word? The Discursive Construction of 'Creativity'" (PhD diss., Bournemouth University, 2010); Rob Pope, Creativity: Theory, History, Practice (New York: Routledge, 2005); Keith Negus and Michael Pickering, *Creativity, Communication and Cultural Value* (London and Thousand Oaks, CA: Sage Publications, 2004)。

11. 虽然"创造力"这个词相当新，但它已经被使用了几个世纪，因此许多学者认为创造力的概念以某种原始形式存在。但其当时的含义还不像今天这样。如果你在1900年告诉某人他很有"创造力"，他们可能会回答："有什么样的创造力？"因为这个词最初最接近于"生成"的意思，就像"上帝的创造力"——更接近于制造性，而非想象力或智慧。在20世纪早期的某个时候，"创造性"确实作为"艺术"的近义词获得了第二种意义，因为在19世纪，艺术越来越被视为新思想的源泉，而不仅仅是模仿的一种方式。但是，即使有了"创造性艺术家"或诗人有"创造性想象力"的说法，创造性也仍然意味着生成。一本 1890 年的经济学教科书列出了"创意产业"的清单，包括农业、建筑业、制造业、运输业、零售业和其他任何产生新价值的行业——基本上除了房东和金融家之外的所有相关行业。直到 20 世纪 40 年代，约瑟夫·熊彼特才使用"创造性破坏"一词，20 世纪 50 年代，马丁·路德·金才使用"创造性抗议"一词，这两个案例都缺乏艺术想象力。在少数情况下，创造力或"创造性"确实出现在历史语料库中，这些词往往不是指个人能力，而是指一种生成倾向，例如，"上帝的创造力"或"文艺复兴的创造力"。相比之下，今天，当我们说某人有一个"创造性的想法"时，我们并不是说这个创造性想法本身，而是强调一种能力或过程，我们现在给它起了一个名字："创造力"。R. W., Burchfield, ed., *A Supplement to the Oxford English Dictionary*. Vol. 1. (Oxford: Clarendon Press, 1972).

12. *The Random House Dictionary of the English Language*, ed. Jess M. Stein (New York: Random House, 1966).

13. Paul Oskar Kristeller, "'Creativity' and 'Tradition,'" *Journal of the History of Ideas* 44, no. 1 (1983): 105.

14. Jean-Baptiste Michel et al., "Quantitative Analysis of Culture Using Millions of Digitized Books," Science 331, no. 6014 (January 14, 2011): 176-182. 几乎相同的模式出现在其他各种语料库中，包括杨百翰大学的美国历史英语语料库、报纸数据库。有关我对"富有想象力的"、"创造性"和"创造力"这些术语的历史使用更详细的研究，请参阅 Samuel W. Franklin, "The Cult of Creativity in Postwar America"(PhD diss., Brown University, 2018)。

15. 关于这方面的好例子，请参阅 Vlad Petre Glaveanu, ed., "Revisiting the Foundations of Creativity Studies," in *The Creativity Reader* (Oxford and New York: Oxford University Press, 2019), 5–12; Robert Weiner, *Creativity & Beyond: Cultures, Values, and Change* (Albany: State University of New York Press, 2000); John Hope Mason, *The Value of Creativity: The Origins and Emergence of a Modern Belief* (Aldershot, Hampshire, England, and Burlington, VT: Ashgate, 2003); Pope, *Creativity: Theory, History, Practice*; Mark A. Runco and Robert S. Albert, "Creativity Research," in *The*

Cambridge Handbook of Creativity, Cambridge Handbooks in Psychology (Cambridge: Cambridge University Press, 2010); James Engell, *The Creative Imagination: Enlightenment to Romanticism* (Cambridge, MA: Harvard University Press, 1981)。

16. Dorothy Parker, *The Portable Dorothy Parker*, ed. Marion Meade, deluxe edition (New York: Penguin Classics, 2006), 567. 诚然，艺术家们经常被问及他们对创造力或创作过程的看法，但他们往往似乎对宏大的理论不感兴趣。詹姆斯·鲍德温受邀为一本名为《创意美国》（*Creative America*）的书写一篇关于"创作过程"的文章，他基本上改变了这个话题，描写了艺术家在社会中的角色；"创造力"或"创造过程"这两个词几乎没有出现在书中。

17. 在许多方面，战后的美国艺术反映了本书中心理学家和商界人士共同的担忧。许多战后艺术家和评论家，由于他们自己的意识形态以及他们的冷战自由主义资助者（在某些情况下包括中央情报局），在20世纪50年代他们经历了自己的个人主义（无政治转向），参见 Frances Stoner Saunders, *The Cultural Cold War: The CIA and the World of Arts and Letters* (New York: New Press, 2000); Mark McGurl, The Program Era: Postwar Fiction and the Rise of Creative Writing (Cambridge, MA: Harvard University Press, 2009); Eric Bennet, *Workshops of Empire: Stegner, Engle, and American Creative Writing During the Cold War* (Iowa City: University of Iowa Press, 2015)。但即使是哈罗德·罗森伯格描述那个时代艺术所用的令人难忘的短语"新传统"，如同埃兹拉·庞德早先的"让它变得新的"的命令一样，或许也过分强调了创新本身对现代艺术家的重要性。此外，20世纪60年代，超个人主义的战后时代刚达到顶峰，许多艺术家就开始再次拒绝对原创的崇拜，并拥抱反权威项目，将自己视为艺术工作者、复制者或推动者，而不是神一样的创造者，参见 Michael North, *Novelty: A History of the New* (Chicago: University of Chicago Press, 2013)。

18. 有几位学者写过关于战后时代创造力概念的文章，我在接下来的几章论述中都以他们的工作为基础。Jamie Cohen-Cole, "The Creative American: Cold War Salons, Social Science, and the Cure for Modern Society," Isis 100 (2009): 219-262; Jamie Cohen-Cole, *The Open Mind: Cold War Politics and the Sciences of Human Nature* (Chicago and

London: University of Chicago Press, 2014); Michael Bycroft, "Psychology, Psychologists, and the Creativity Movement: The Lives of Method Inside and Outside the Cold War," in *Cold War Social Science: Knowledge Production, Liberal Democracy, and Human Nature*, ed. Mark Solovey and Hamilton Cravens (New York: Palgrave Macmillan, 2014),197-214; Amy Fumiko Ogata, *Designing the Creative Child: Playthings and Places in Midcentury America* (Minneapolis: University of Minnesota Press, 2013); Bregje F.van Eekelen, "Accounting for Ideas: Bringing a Knowledge Economy into the Picture," *Economy and Society* 44, no. 3 (2015): 445-479; Sarah Brouillette, *Literature and the Creative Economy* (Palo Alto, CA: Stanford University Press, 2014); Andres Reckwitz, *The Invention of Creativity* (Malden, MA: Polity Press, 2017); Camilla Nelson, "The Invention of Creativity: The Emergence of a Discourse," *Cultural Studies Review* 16, no. 2 (September 2010): 49-74. 伦科和阿尔伯特的《创造力研究》(*Creativity Research*)，是这一领域内一本关于创造力研究的有价值的编年史。

19. 艺术被排除在那些认为"有用"的标准之外，因为艺术在定义上被认为是无用的，而不是"新的和适当的"，或者，正如特蕾莎·阿玛比尔所说，"适当的，有用的，正确的，或有价值的"。在每一种情况下，意图都一样，即创造力虽然起源于一种内部现象，但必须被"表达"出来，并且创造一些不仅仅是随机的、奇怪的或幸运的东西，而是为创造者以外的环境"服务"。

20. Rollo May, *The Courage to Create* (New York: W. W. Norton and Co., 1975), 40.

21. Carl R. Rogers, "Toward a Theory of Creativity," *ETC: A Review of General Semantics* 11, no. 4 (1954): 249–260.

22. William J. J. Gordon, *Synectics: The Development of Creative Capacity* (New York: Harper & Row, 1961).

23. Isaac Asimov, "Published for the First Time: A 1959 Essay by Isaac Asimov on Creativity," *MIT Technology Review*, October 20, 2014, http://www.technologyreview.com/ view/ 531911/isaac-asimov-asks-how-do-people-get-new-ideas/.

24. Hugh Lytton, *Creativity and Education* (New York: Schocken Books, 1972), 2.

25. *Fortune* 43, no. 2 (February 1951).
26. Robert M. Collins, *More: The Politics of Economic Growth in Postwar America* (New York: Oxford University Press USA, 2002). 关于消费主义的讨论，请参阅 Lizbeth Cohen, *A Consumers' Republic: The Politics of Mass Consumption in Postwar America* (New York: Vintage Books, 2003); Charles McGovern, *Sold American: Consumption and Citizenship, 1890–1945* (Chapel Hill: University of North Carolina Press, 2006); Gary S Cross, *An All-Consuming Century: Why Commercialism Won in Modern America* (New York: Columbia University Press, 2000)。
27. Warren Weaver, "The Encouragement of Science," *Scientific American*, September 1958, 172-173; Daniel Bell, *The Coming of Post- Industrial Society: A Venture in Social Forecasting* (New York: Basic Books, 1973), 17. 关于白领阶层，参见 C. Wright Mills, *White Collar: The American Middle Classes* (New York: Oxford University Press, 1951)。在这本书中，我试图在上下文中尽可能准确地使用"白领"、"中产阶级"和"专业人士"这些词，但它们的概念最终是重叠性和不精确的。关于卡尔·马克思开始将"中间"、"新"或"职业管理阶级"等传统说法逐渐理论化，包括讨论到的相关的问题，参见 Jean-Christophe Agnew, "A Touch of Class," *Democracy* 3 (1983): quote on 61; Lawrence Peter King, *Theories of the New Class: Intellectuals and Power* (Minneapolis: University of Minnesota Press, 2004); Robert D. Johnston, *The Radical Middle Class* (Princeton, NJ: Princeton University Press, 2003), esp. chapter 1; Barbara Ehrenreich and John Ehrenreich, "The Professional-Managerial Class," *Radical America* 11, no. 2 (April 1977): 7-31。
28. Theodore Roszak, *The Making of a Counter Culture: Reflections on the Technocratic Society and Its Youthful Opposition* (Garden City, NY: Anchor Books,1969), 13. 对大众社会的主要批判包括：James Burnham, *The Managerial Revolution* (Westport, CT: Greenwood Press, 1972); Mills, *White Collar*; David Riesman, Nathan Glazer, and Reuel Denney, *The Lonely Crowd: A Study of the Changing American Character* (Garden City, NY: Doubleday, 1953); William Whyte, *The Organization Man* (New York: Simon and Schuster, 1956); Paul Good-man, *Growing Up Absurd: Problems of Youth in the Organized System* (New York: Random House, 1960); David

Riesman, *Abundance for What?* (New Brunswick, NJ: Transaction Publishers, 1993); Herbert Marcuse, *One-Dimensional Man* (Boston: Beacon Press, 1964); Jacques Ellul, *The Technological Society* (New York: Knopf, 1964)。进步观念在第一次世界大战后受到了显著动摇，战后不久便开始出现对这一概念的历史化探讨。参见 J. B. Bury, *The Idea of Progress: An Inquiry into Its Origin and Growth* (London: Macmillan, 1920); 然而，在二战期间，这一概念仍然是公共和政治话语中的重要关键词。参见 Christopher Lasch, *The True and Only Heaven: Progress and Its Critics* (New York: W. W. Norton, 1991)。

29. O. Hobart Mowrer, quoted in William J. Clancey, "Introduction," in John E. Arnold, *Creative Engineering*, ed. William J. Clancey (n.p.: William J. Clancey, 2016), 43.

30. William H. Whyte, "Groupthink," *Fortune*, March 1952.

31. James Livingston, *Pragmatism, Feminism, and Democracy: Rethinking the Politics of American History* (New York: Routledge, 2001).

32. John J. Corson, "Innovation Challenges Conformity," Harvard Business Review 40, no. 3 (June 1962): 67. 关于秩序和组织的理想，参见 Max Weber, *The Protestant Ethic and the Spirit of Capitalism* (New York: Routledge,2001); Thorstein Veblen, *The Engineers and the Price System* (New Brunswick, NJ: Transaction Publishers, 1990); Adolf A. Berle and Gardiner C Means, *The Modern Corporation and Private Property* (New Brunswick, NJ: Transaction Publishers,2009); Walter Lippmann, *Drift and Mastery: An Attempt to Diagnose the Current Unrest* (Madison: University of Wisconsin Press, 2015)。关于进步主义意识，参见 Robert H. Wiebe, *The Search for Order*, 1877-1920 (Westport, CT: Greenwood Press, 1980); Andrew Delano Abbott, *The System of Professions: An Essay on the Division of Expert Labor* (Chicago: University of Chicago Press, 1988)。关于职业和专业化的兴起，参见 David F. Noble, *America by Design: Science, Technology, and the Rise of Corporate Capitalism* (New York: Knopf, 1977)。

33. Rockefeller Brothers Fund, *Prospect for America: The Rockefeller Panel Reports* (Garden City, NY: Doubleday, 1961).

34. Jerome Bruner, "The Conditions of Creativity," in *Contemporary Approaches to Creative Thinking: A Symposium Held at the University*

of Colorado, ed. H. E. Gruber, G. Terrell, and M. Wertheimer (New York: Atherton Press, 1962), 2–3.

35. 我对美国中产阶级自我意识历史的理解来源于 Wilfred M. McClay, *The Masterless: Self and Society in Modern America* (Chapel Hill: University of North Carolina Press, 1993)。

36. Betty Friedan, *The Feminine Mystique* (New York: W. W. Norton & Company, 2010), 472; 参见 Daniel Horowitz, *Betty Friedan and the Making of the Feminine Mystique: The American Left, the Cold War, and Modern Feminism* (Amherst: University of Massachusetts Press, 2000)。

37. Daniel Immerwahr, "Polanyi in the United States: Peter Drucker, Karl Polanyi, and the Midcentury Critique of Economic Society," *Journal of the History of Ideas* 70, no. 3 (2009): 446; Nelson Lichtenstein, *American Capitalism: Social Thought and Political Economy in the Twentieth Century* (Philadelphia: University of Pennsylvania Press, 2006); Howard Brick, *Transcending Capitalism: Visions of a New Society in Modern American Thought* (Ithaca, NY: Cornell University Press, 2006).

1 在平凡与卓越之间

1. Kenneth Rexroth, "Vivisection of a Poet," *Nation* 185, no. 20 (December 14, 1957): 450–453.
2. J. P. Guilford, "Creativity," *The American Psychologist* 5, no. 9 (1950): 444, 451; Sidney J. Parnes and Eugene A. Brunelle, "The Literature of Creativity (Part I)," *Journal of Creative Behavior* 1, no. 1 (1967): 52.
3. Calvin W. Taylor, *Creativity: Progress and Potential* (New York: McGraw Hill, 1964), 3.
4. J. P. Guilford, "Creativity: Yesterday, Today, and Tomorrow," *Journal of Creative Behavior* 1, no. 1 (1967): 6.
5. Guilford, "Creativity," 444.
6. Taylor, *Creativity*, 6.
7. Jamie Cohen-Cole, *The Open Mind: Cold War Politics and the Sciences of Human Nature* (Chicago: University of Chicago Press, 2014), 5–6; Ellen Herman, *The Romance of American Psychology: Political Culture in the*

Age of Experts (Berkeley: University of California Press, 1995).
8. Calvin W. Taylor and Frank Barron, eds., *Scientific Creativity: Its Recognition and Development* (New York: John Wiley, 1963), xiii.
9. Liam Hudson, *Contrary Imaginations: A Psychological Study of the Young Student* (New York: Schocken Books, 1966), 220.
10. Calvin W. Taylor, ed., *Widening Horizons in Creativity: The Proceedings of the Fifth Utah Creativity Research Conference* (New York: Wiley, 1964), preface.
11. John Carson, *The Measure of Merit: Talents, Intelligence, and Inequality in the French and American Republics, 1750–1940* (Princeton, NJ: Princeton University Press, 2007).
12. Guilford, "Creativity," 445.
13. Irving A. Taylor, "The Nature of the Creative Process," in *Creativity: An Examination of the Creative Process*, ed. Paul Smith (New York: Communication Arts Books, 1959), 21.
14. Quoted in Darrin M. McMahon, *Divine Fury: A History of Genius*, 1st edition (New York: Basic Books, 2013), 174.
15. 出于实际原因，高尔顿将自己的研究局限于英国人，但他对意大利人和犹太人也感兴趣，"这两种人似乎都出身于高智商的家庭"。他对研究法国人不太感兴趣，"法国大革命和断头台给其后代酿成了极大悲剧"。Francis Galton, Hereditary Genius: *An Inquiry into Its Laws and Consequences* (London: Macmillan and Co., 1869), quoted in Pierluigi Serraino, *The Creative Architect: Inside the Great Midcentury Personality Study* (New York: Monacelli Press, 2016), 100-101.
16. Guilford, "Creativity," 447.
17. Carson, *The Measure of Merit*, 260–263.
18. 参见 David A. Varel, *The Lost Black Scholar: Resurrecting Allison Davis in American Social Thought* (Chicago: University of Chicago Press, 2018)。
19. Calvin W. Taylor, ed., *Climate for Creativity: Report of the Seventh National Research Conference on Creativity* (New York: Pergamon Press, 1972), viii.
20. Taylor and Barron, *Scientific Creativity: Its Recognition and Development*, 6.
21. Guilford, "Creativity: Yesterday, Today, and Tomorrow," 3.
22. Guilford, "Creativity," 445.

23. Guilford, 446.
24. L. L. Thurstone, "Creative Talent," in *Testing Problems in Perspective*, ed. Anne Anastasi (Washington, DC: American Council on Education, 1966), 414.
25. Guilford, "Creativity," 446.
26. Howard E. Gruber, Glenn Terrell, and Michael Wertheimer, eds., *Contemporary Approaches to Creative Thinking: A Symposium Held at the University of Colorado* (New York: Atherton Press, 1962), x.
27. 吉尔福特甚至比高尔顿更保守，他估计每 200 万人中只有 1 人真正做过有创造力的事情。Guilford, "Creativity," 445.
28. Quoted in Herman, 46.
29. Serraino, *The Creative Architect*, 10.
30. Serraino, 100–101.
31. Serraino, 61.
32. Anne Roe, *A Psychological Study of Eminent Biologists* (Washington, DC: American Psychological Association, 1952); Anne Roe, *The Making of a Scientist* (New York: Dodd, Mead, 1953); Anne Roe, *A Psychological Study of Eminent Psychologists and Anthropologists, and a Comparison with Biological and Physical* Scientists (Washington, DC: American Psychological Association, 1953).224
33. Taylor, *Creativity*, 13.
34. Serraino, *The Creative Architect*, 55.
35. Cohen-Cole, *The Open Mind*, 45.
36. 关于美国品位和阶级的历史建构，参见 Lawrence Levine, Highbrow/Lowbrow: The Emergence of Cultural Hierarchy in America (Cambridge, MA: Harvard University Press, 1990); Michael Kammen, American Culture, American Tastes: Social Change and the Twentieth Century (New York: Knopf, 1999)。
37. Frank Barron, *Creativity and Psychological Health* (Princeton, NJ: D. Van Nostrand Company, Inc., 1963), 2–3.
38. Cohen- Cole, *The Open Mind*.
39. X, "WOMAN's QUALITIES; Not Dependable for Creative, Judicial, and Executive Labors," *New York Times*, April 7, 1909; 关于"粉领"或"白

衬衫"劳动，参见 Nikil Saval, *Cubed: A Secret History of the Workplace* (New York: Doubleday, 2014), chapter 3。

40. "Women in Business," *Fortune*, July 1935.
41. Nancy MacLean, *The American Women's Movement, 1945–2000: A Brief History with Documents*, illustrated edition, The Bedford Series in History and Culture (Boston: Bedford/St. Martin's, 2009), 72.
42. McMahon, *Divine Fury*, 114.
43. McMahon, 22, 71.
44. Taylor, *Creativity*, 384.
45. Cohen-Cole, *The Open Mind*, 44.
46. John Riddick, "Boys Predominate in Creativity Beginning at Age of Puberty," *Tucson Daily Citizen*, May 26, 1962, 2.
47. Nathan Kogan, "Creativity and Sex Differences," *Journal of Creative Behavior* 8, no. 1 (1974): 1.
48. Kogan, 11.
49. Jerome Kagan, *Creativity and Learning* (Boston: Houghton Mifflin, 1967), ix.
50. Kogan, "Creativity and Sex Differences," 12.
51. Betty Friedan, *The Feminine Mystique* (New York: W. W. Norton & Company, 2010), 472.
52. Phyllis Schlafly, "What's Wrong with 'Equal Rights' for Women?" in *Debating the American Conservative Movement: 1945 to the Present*, ed. Donald T. Critchlow and Nancy MacLean, Debating 20th Century America (Lanham, MD: Rowman & Littlefield, 2009), 200.
53. Israel Shenker, "Spock Still Cares about Babies, Wishes More Women Did," *New York Times*, January 28, 1970, sec. Archives, https://www.nytimes.com/1970/01/28/archives/spock-still-cares-about-babies-wishes-more-women-did.html.
54. Paul Goodman, *Growing Up Absurd: Problems of Youth in the Organized System* (New York: Random House, 1960), 13.
55. Shulamith Firestone, *The Dialectic of Sex* (New York: Bantam Books, 1970), 91.
56. Friedan, *The Feminine Mystique*, 541.
57. Friedan, 479.

58. Friedan, 458.
59. Friedan, 436–437.
60. Hubert E. Brogden and Thomas B. Sprecher, "Criteria of Creativity," in *Creativity: Progress and Potential*, ed. Calvin W. Taylor (New York: McGraw-Hill Book Company, 1964), 162, 158.
61. Morris I. Stein, "Creativity and Culture," *The Journal of Psychology* 36 (1953): 311.
62. Harold H. Anderson, "Comments on Viktor Lowenfeld's 'What Is Creative Teaching?'" in *Creativity: Proceedings of the Second Minnesota Conference on Gift ed Children, October 12–14, 1959*, ed. E. Paul Torrance (Minneapolis: University of Minnesota Center for Continuation Study of the General Extension Division,1959).
63. Taylor, *Creativity*, 6.
64. Anne Roe, "Psychological Approaches to Creativity in Science," in *Essays on Creativity in the Sciences*, ed. Myron A. Coler (New York: New York University Press, 1963), 153–182.
65. Brogden and Sprecher, "Criteria of Creativity," 176.
66. Abraham H. Maslow, "The Creative Attitude," in *The Farther Reaches of Human Nature*, An Esalen Book (New York: Viking Press, 1971), 58.
67. Brogden and Sprecher, "Criteria of Creativity," 156.
68. Brewster Ghiselin, "Ultimate Criteria for Two Levels of Creativity," in *Scientific Creativity: Its Recognition and Development*, ed. Calvin W. Taylor and Frank Barron (New York: John Wiley, 1963), 30–31.
69. Taher A. Razik, "Psychometric Measurement of Creativity," in Ross Lawler Mooney, *Explorations in Creativity* (New York: Harper & Row 1967), 302.
70. 第二章。关于工业和创造力研究之间的联系，参见 Michael Bycroft Michael Bycroft, "Psychology, Psychologists, and the Creativity Movement: The Lives of Method Inside and Outside the Cold War," in *Cold War Social Science: Knowledge Production, Liberal Democracy, and Human Nature*, ed. Mark Solovey and Hamilton Cravens (New York: Palgrave Macmillan, 2012)。
71. J. H. McPherson, "How to Use Creative People Effectively," paper presented at the American Management Association, Chicago, March 1958, cited in

Calvin W. Taylor and Frank Barron, *Scientific Creativity: Its Recognition and Development* (New York: John Wiley, 1963). 关于这种思想流派的更多例子，请参见第 2 章。
72. Gary A. Steiner, ed., *The Creative Organization* (Chicago: University of Chicago Press, 1965), Introduction.
73. Steiner, 10.
74. Steiner, 14.
75. Steiner, 21.
76. Ayn Rand, *The Fountainhead* (New York: Signet, 1943).
77. Steiner, *The Creative Organization*, 11–12.
78. Steiner, 13.
79. Eugene Von Fange, *Professional Creativity* (Hoboken, NJ: Prentice Hall, 1964), 2.
80. Von Fange, 218.

2 头脑风暴的诞生

1. "BBDO Worldwide (Batten, Barton, Durstine & Osborn)," *AdAge Encyclopedia*, September 15, 2003, http://adage.com/article/adage-encyclopedia/bbdo-worldwide-batten-barton-durstine-osborn/ 98341/.
2. Alex F. Osborn, *How to Think Up* (New York: McGraw-Hill, 1942), 29.
3. Phillip E. Norton, "Thinking Unlimited: More Companies Adopt Unorthodox Techniques for Generating Ideas," *Wall Street Journal*, September 13, 1962.
4. Alex F. Osborn, *Your Creative Power: How to Use Imagination* (New York: C. Scribner's Sons, 1948); title brainstorm list from Box 1, Alexander F. Osborn Papers, 1948–1966, University Archives, State University of New York at Buffalo.
5. Alex F. Osborn, *Wake Up Your Mind: 101 Ways to Develop Creativeness* (New York: Scribner, 1952), front matter.
6. Alex F. Osborn, *The Gold Mine Between Your Ears* (New York: Ticonderoga Publishers, 1955), 4.
7. Alex F. Osborn, *Applied Imagination: Principles and Procedures of*

Creative Problem-Solving (New York: Scribner, 1953), 36.
8. Osborn, *How to Think Up*, v, 3, 5.
9. Osborn, 5.
10. Harold A. Littledale, "Imagination Yea–Shyness Nay," *New York Times*, November 7, 1948, 131.
11. Osborn, *How to Think Up*.
12. Bregje F. Van Eekelen, "Uncle Sam Needs Your Ideas: A Brief History of Embodied Knowledge in American World War II Posters," *Public Culture* 30, no. 1 (January 1, 2018): 113–142, https://doi.org/10 .1215/ 08992363-4189191.
13. 参见 Catherine L. Fisk, *Working Knowledge: Employee Innovation and the Rise of Corporate Intellectual Property, 1800–1930* (Chapel Hill: University of North Carolina Press, 2009); Harry Braverman, *Labor and Monopoly Capital: The Degradation of Work in the Twentieth Century* (New York: Monthly Review Press, 1975); David F. Noble, *America by Design: Science, Technology, and the Rise of Corporate Capitalism* (New York: Knopf, 1977); David F. Noble, *Forces of Production: A Social History of Industrial Automation* (New York: Knopf, 1984)。
14. Osborn, *How to Think Up*, 32.
15. "Brainstorming: More Concerns Set Up Free- Wheeling 'Think Panels' to Mine Ideas–Ethyl Gets 71 Ideas in 45 Minutes: Reynolds Metals Develops Marketing Plans," *Wall Street Journal*, New York, December 5, 1955, 1.
16. "Federal 'Brains' Brace for Storm: Apostle of Madison Avenue Technique to Try to Stir Up Sluggish Thinkers," *New York Times*, May 20, 1956; Jhan and June Robbins, "129 Ways to Get a Husband," *McCall's*, January 1958.
17. Alex F. Osborn, "Developments in the Creative Education Movement," Creative Education Foundation, 1962, 3, Box 13, Alexander F. Osborn Papers, 1948–1966, University Archives, State University of New York at Buffalo; C. M. Mullen, "G. & C. Merriam Company to Sidney J. Parnes," October 9, 1962 (unprocessed), Alex Osborn Creative Studies Collection, Archives & Special Collections Department, E. H. Butler Library, SUNY Buffalo State.
18. Dr. Daniel Pursuit to Alex Osborn, quoted in Alex F. Osborn, "Is Education Becoming More Creative?" Creative Education Foundation, 1961, Box 16,

Alexander F. Osborn Papers, 1948–1966, University Archives, State University of New York at Buffalo.

19. Various letters, Box 11, Alexander F. Osborn Papers, 1948–1966, University Archives, State University of New York at Buffalo.

20. "The Third Year: Current Developments in the Movement for the Encouragement of a More Creative Trend in Education," Creative Education Foundation, 1958, Box 13, Alexander F. Osborn Papers, 1948–1966, University Archives, State University of New York at Buffalo.

21. Rosalie Deer Heart and Doris J. Shallcross, *Celebrating the Soul of CPSI* (Buffalo, NY: Creative Education Foundation, 2004), 10.

22. Heart and Shallcross, 10.

23. John E. Arnold, *Creative Engineering*, ed. William J. Clancey (n.p.: William Clancey, 2016), 20.

24. Whiting, *Creative Thinking*, 2.

25. Kyle VanHemert, "Creative Complex: Brainstorming in American Business in the 1950s" (unpublished paper, May 22, 2017), 15. 对于杜邦公司头脑风暴的故事，我要感谢凯尔·范哈默特，他慷慨地允许我使用未发表的研究论文中的材料。

26. Memorandum, "Pilot Brainstorming Session," July 13, 1956, Box 27, Folder 6, E. I. Du Pont de Nemours & Co. Advertising Department, Hagley Museum and Library, Wilmington, Delaware.

27. Memo from James H. McCormick to V. L. Simpson, March 5, 1956 [likely date from context March 5, 1957], Box 28, Folder 7, E. I. Du Pont de Nemours & Co. Advertising Department, Hagley Museum and Library, Wilmington, Delaware.

28. VanHemert, 5.

29. M. R. Hecht, "Brainstorming–Bunk or Benefit," *Canadian Chemical Process*, September 11, 1956; "Brainstorming: Cure or Curse?" *Business Week*, December 29, 1956; Harry Stockman, "The Limits of Brainstorming," *Proceedings of the Institute of Radio Engineers*, October 1957; B. B. Goldner, "Why Doesn't Brainstorming Always Seem to Work?" *Sales Management*, October 5, 1956.

30. Donald W. Taylor, Paul C. Berry, and Clifford H. Block, "Does Group

Participation When Using Brainstorming Facilitate or Inhibit Creative Thinking?" *Administrative Science Quarterly* 3, no. 1 (June 1, 1958): 42.

31. Heart and Shallcross, Celebrating the Soul of CPSI, 10. 1958年，可能是由于媒体对头脑风暴的批评，入学人数再次下降到200人；但到1963年，入学人数又稳定回升到500人，并在接下来的30年里保持了这一水平。

32. Taylor, Berry, and Block, "Does Group Participation When Using Brainstorming," 23–47; "'Brainstorming' for Ideas Criticized," *New York Herald Tribune*, January 20, 1958; Sidney J. Parnes, *A Source Book for Creative Thinking* (New York: Scribner, 1962).

33. W. A. Peterson, "Groups Don't Create: Individuals Do," *Printers' Ink*, October 26, 1956; Mildred Benton, *Creativity in Research and Invention in the Physical Sciences* (Washington, DC: US Naval Research Laboratory, 1961).

34. William Whyte, *The Organization Man* (New York: Simon and Schuster, 1956), 51.

35. Quoted in Stephen R. Fox, *The Mirror Makers: A History of American Advertising and Its Creators* (New York: Morrow, 1984), 181.

36. Paul Smith, ed., *Creativity: An Examination of the Creative Process* (New York: Communication Arts Books, 1959), 180.

37. Saul Bass, "Creativity in Visual Communication," in *Creativity: An Examination of the Creative Process*, ed. Paul Smith (New York: Communication Arts Books, 1959), 123.

38. Bass, 126.

39. Bass, 126–127.

40. Smith, *Creativity: An Examination of the Creative Process*, 198.

41. Osborn, *Your Creative Power*, 7.

42. "Report of Proceedings of the Second Annual Creative Problem-Solving Institute," Creative Education Foundation, 1956, 6, Box 16, Alexander F. Osborn Papers, 1948–1966, University Archives, State University of New York at Buffalo.

43. Alex F. Osborn, *Applied Imagination*, 3rd revised edition (New York: Charles Scribner's Sons, 1963), 12.

44. Osborn, 10. 这显然不仅仅是无聊的沉思。奥斯本似乎确实在向政府传达他的计划方面做了些努力，正如他在 1960 年所报告的那样："我们在公共事务的大多数领域都取得了进展。然而，我们说服华盛顿在外交问题上采用创造性程序的努力失败了。Osborn, "Developments in Creative Education," 18.
45. Osborn, *Applied Imagination*, 28.
46. Alex F. Osborn, "High Lights of the First Five Months in My Endeavor to Encourage Education to Include Indoctrination in Creativity," 1954, Box 11, Alexander F. Osborn Papers, 1948- 1966, University Archives, State University of New York at Buffalo.
47. Osborn, "Developments in the Creative Education Movement."
48. Osborn, "Is Education Becoming More Creative?"
49. 关于古典教育与职业教育相比较的文科哲学的特征，参见 David F. Labaree, "Public Goods, Private Goods: The American Struggle over Educational Goals," *American Educational Research Journal* 34, no. 1 (1997): 39–81.50. Osborn, "Is Education Becoming More Creative?"
50. Osborn, *Applied Imagination*, 28.
51. Aaron Lecklider, *Inventing the Egghead: The Battle over Brainpower in American Culture* (Philadelphia: University of Pennsylvania Press, 2013); Richard Hofstadter, *Anti-Intellectualism in American Life* (New York: Knopf, 1963).
52. James Gilbert, *A Cycle of Outrage: America's Reaction to the Juvenile Delinquent in the 1950s* (New York: Oxford University Press, 1988).
53. 布莱克叶·范·艾克伦曾将头脑风暴描述为嘉年华式的 (van Eekelen, "The Social Life of Ideas")。
54. Richard P. Youtz, "Psychological Foundations of Applied Imagination," in *A Sourcebook for Creative Thinking*, ed. Sidney J. Parnes and Harold F. Harding (New York: Charles Scribner's Sons, 1962), 193–215.
55. Arnold Meadow and Sidney J. Parnes, "Evaluation of Training in Creative Problem-Solving," *Journal of Applied Psychology* 43, no. 3 (1959): 189–194; Arnold Meadow and Sidney J. Parnes, "Influence of Brainstorming Instructions and Problem Sequence on a Creative Problem-Solving Test," *Journal of Applied Psychology* 43 (1959): 413-416; Sidney J. Parnes and

Arnold Meadow, "Effects of 'Brain-Storming' Instructions on Creative Problem-Solving by Trained and Untrained Subjects," *Journal of Educational Psychology* 50, no. 4 (1959): 171–176; Sidney J. Parnes and Arnold Meadow, "Evaluation of Persistence of Effects Produced by a Creative Problem-Solving Course," *Psychological Reports* 7 (1960): 357–361; Sidney J. Parnes, "Effects of Extended Effort in Creative Problem-Solving," *Journal of Educational Psychology* 52, no. 3 (1961): 117–122.

56. Alex F. Osborn, "Developments in Creative Education, as Reported to the Sixth Annual Creative Problem-Solving Institute at the University of Buffalo," 1960, Box 13, Alexander F. Osborn Papers, 1948-1966, University Archives, State University of New York at Buffalo.

57. Osborn, 25.

58. Untitled document, c. 1963, Box 11, Alexander F. Osborn Papers, 1948–1966, University Archives, State University of New York at Buffalo.

59. J. P. Guilford, "Creativity: Yesterday, Today, and Tomorrow," *Journal of Creative Behavior* 1, no. 1 (1967): 12–13.

60. Osborn, *Applied Imagination*, 3rd revised edition.

3 作为自我实现的创造力

1. Carl R. Rogers, "Toward a Theory of Creativity," in *Creativity and Its Cultivation*, ed. Harold H. Anderson (New York: Harper & Brothers, 1959), 72.

2. Rogers, "Toward a Theory of Creativity," 69–70.

3. 关于二战后商业和文化中的人文主义心理学近况参见 Jessica Grogan, *Encountering America: Sixties Psychology, Counterculture and the Movement that Shaped the Modern Self* (New York: Harper Perennial, 2012)。

4. Harold H. Anderson, ed., *Creativity and Its Cultivation* (New York: Harper & Brothers, 1959); Carl R. Rogers, "Toward a Theory of Creativity," *ETC: A Review of General Semantics* 11, no. 4 (1954): 249–260; Rollo May, *The Courage to Create* (New York: W. W. Norton and Company, Inc., 1975); Abraham H. Maslow, "Emotional Blocks to Creativity," in *A Source Book*

for Creative Thinking, ed. Sidney J. Parnes and Harold F. Harding (New York: Charles Scribner's Sons, 1962), 93; Abraham H. Maslow, "Creativity in Self-Actualizing People," in *Creativity and Its Cultivation*, ed. Harold H. Anderson (New York: Harper & Brothers, 1959), 83; Abraham H. Maslow, *The Maslow Business Reader*, ed. Deborah C. Stephens, 1st edition (New York: John Wiley & Sons, 2000), 21.

5. Abraham H. Maslow, "Emotional Blocks to Creativity," in *The Farther Reaches of Human Nature*, An Esalen Book (New York: Viking Press, 1971), 78.
6. 1943 年，马斯洛最初的"需求层次"中没有列出"创造力"一词，但在后来的版本中出现了这个词。
7. Abraham H. Maslow, "A Holistic Approach to Creativity," in *The Farther Reaches of Human Nature*, An Esalen Book (New York: Viking Press, 1971), 69.
8. Abraham H. Maslow, "The Creative Attitude," in *The Farther Reaches of Human Nature*, An Esalen Book (New York: Viking Press, 1971), 66.
9. Maslow, "A Holistic Approach to Creativity," 71–73.
10. Quoted in Ian A. M. Nicholson, "'Giving Up Maleness': Abraham Maslow, Masculinity, and the Boundaries of Psychology," *History of Psychology* 4, no. 1 (2001): 82, https://doi.org/10.1037//1093-4510.4.1.79.
11. Quoted in Nicholson, 80.
12. Maslow, "Emotional Blocks to Creativity" (1971), 83.
13. Maslow, 80–81, 86, 90.
14. Darrin M. McMahon, *Divine Fury: A History of Genius*, 1st edition (New York: Basic Books, 2013), 165, 169.
15. Fred Turner, *From Counterculture to Cyberculture: Stewart Brand, the Whole Earth Network, and the Rise of Digital Utopianism* (Chicago: University of Chicago Press, 2006); Grogan, *Encountering America*.
16. Quoted in Alfonso Montuori, "Frank Barron: A Creator on Creating," *Journal of Humanistic Psychology* 43 (April 1, 2003): 8, https://doi.org/10.1177/ 0022167802250582.
17. Frank Barron, *Creativity and Psychological Health* (Princeton, NJ: D. Van Nostrand Company, Inc., 1963), 1–2.

18. Donald W. MacKinnon, "The Highly Effective Individual," in *Explorations in Creativity*, ed. Ross Lawler Mooney, 1st edition (New York: Harper & Row, 1967), 65.
19. Frank Barron, "The Psychology of Imagination," *Scientific American* 199, no. 3 (1958): 150–156.
20. Barron, 164.
21. Barron, *Creativity and Psychological Health*, 5.
22. Maslow, "The Creative Attitude," 55.
23. Maslow, "Emotional Blocks to Creativity" (1971), 62.
24. Maslow, "The Creative Attitude," 59–65.
25. Frank Barron, "The Psychology of Imagination," 163.
26. Timothy Leary, "The Effects of Test Score Feedback on Creative Performance and of Drugs on Creative Experience," in *Widening Horizons in Creativity: The Proceedings of the Fifth Utah Creativity Research Conference*, ed. Calvin W. Taylor (New York: Wiley, 1964), 87–111.
27. Maslow, "Emotional Blocks to Creativity" (1962), 80.
28. Maslow, *The Maslow Business Reader*, 185.
29. Maslow, "A Holistic Approach to Creativity," 70.
30. quoted in Sarah Brouillette, *Literature and the Creative Economy* (Stanford, CA: Stanford University Press, 2014), 69, originally in "See No Evil, Hear No Evil: When Liberalism Fails," in *Future Visions: The Unpublished Papers of Abraham Maslow*, ed. Edward L. Hoffman (Thousand Oaks, CA: Sage Publications, 1996).
31. Abraham H. Maslow, "The Need for Creative People," in *The Farther Reaches of Human Nature*, An Esalen Book (New York: Viking Press, 1971), 94–95.
32. Brewster Ghiselin, *The Creative Process: A Symposium* (New York: New American Library, 1955), 3.
33. May, *The Courage to Create*, 12.
34. Maslow, "The Need for Creative People," 94.
35. Maslow, "The Creative Attitude," 57.
36. Frank Barron, "The Disposition Toward Originality," in *Scientific Creativity: Its Recognition and Development*, ed. Frank Barron and Calvin W. Taylor

(New York: John Wiley & Sons, 1963), 151.
37. Jamie Cohen-Cole, "The Creative American: Cold War Salons, Social Science, and the Cure for Modern Society," *Isis* 100 (2009): 226–230.
38. Barron, "The Disposition Toward Originality," 150.
39. 关于美国品位和阶级的历史建构，参见 Lawrence Levine, Highbrow/Lowbrow: *The Emergence of Cultural Hierarchy in America* (Cambridge, MA: Harvard University Press, 1990); Michael Kammen, *American Culture, American Tastes: Social Change and the Twentieth Century* (New York: Knopf, 1999)。
40. Barron, "The Disposition Toward Originality," 150.
41. Barron, 151.
42. Barron, "The Psychology of Imagination," 163.
43. Frank Barron, "The Needs for Order and for Disorder as Motives in Creative Activity," in *Scientific Creativity: Its Recognition and Development*, ed. Calvin W. Taylor and Frank Barron (New York: John Wiley & Sons, 1963), 158, emphasis in original; Barron, "The Disposition Toward Originality," 151.
44. Maslow, "The Creative Attitude," 58–59.
45. Michael F. Andrews, ed., *Creativity and Psychological Health* (Syracuse, NY: Syracuse University Press, 1961).
46. Maslow, "Creativity in Self-Actualizing People," 94; Arthur Koestler, *The Act of Creation* (New York: Macmillan, 1964).
47. Victor Lowenfeld, "What Is Creative Teaching?" in *Creativity*, Second Minnesota Conference on Gift ed Children (Minneapolis: University of Minnesota Press, 1959), 43.
48. Maslow, "The Creative Attitude," 55.
49. Maslow, "Creativity in Self-Actualizing People."
50. Maslow, "The Creative Attitude," 59.
51. Maslow, "Emotional Blocks to Creativity" (1971), 83.
52. Donald W. MacKinnon, "The Nature and Nurture of Creative Talent," *American Psychologist* 17, no. 7 (1962): 484–495.
53. Nathan Kogan, "Creativity and Sex Differences," *Journal of Creative Behavior* 8, no. 1 (1974): 4–6.
54. Quoted in Nicholson, "'Giving Up Maleness,'" 80.

55. Nicholson, "'Giving Up Maleness.'"
56. Abraham H. Maslow, *Maslow on Management*, ed. Deborah C. Stephens and Gary Heil (New York: John Wiley, 1998).
57. Nadine Weidman, "Between the Counterculture and the Corporation: Abraham Maslow and Humanistic Psychology in the 1960s," in *Groovy Science: Knowledge, Innovation, and American Counterculture*, ed. David Kaiser and Patrick McCray (Chicago: University of Chicago Press, 2016), 109; 关于马斯洛在企业方面的创造力思想，参见, Brouillette, Literature and the Creative Economy。
58. Maslow, *Maslow on Management*, 243.

4 鞋厂里的集思法

1. George M. Prince, *The Practice of Creativity: A Manual for Dynamic Group Problem Solving* (New York: Harper & Row, 1970), 3.
2. Dean Gitter, quoted in "Synectics' Art of Analogy Makes Creativity a Science," *Executive's Bulletin*, October 1965.
3. "Synectics' Art of Analogy Makes Creativity a Science," *Executive's Bulletin*, October 1965.
4. Prince, *The Practice of Creativity*.
5. Tom Alexander, "Invention by the Madness Method," *Fortune*, August 1965, 190.
6. "Synectics: A New Method for Developing Creative Potential," n.d., Box 29, Folder 8, United Shoe Machinery Corporation Records, Archives Center, National Museum of American History, Washington, DC.
7. DeWitt O. Tolly, "The Creativity Review," 1963, Box 11, Alexander F. Osborn Papers, 1948–1966, University Archives, State University of New York at Buffalo.
8. Gordon, quoted in Eugene Raudsepp, "Intuition in Engineering: Learn to Play," *Machine Design*, April 15, 1965.
9. William J. J. Gordon, "How to Get Your Imagination Off the Ground," *Think*, March 1963; Gordon, quoted in Raudsepp, "Intuition in Engineering."
10. 关于战后时代科学管理的遗产和变革，请参阅 Stephen P. Waring,

Taylorism Transformed: Scientific Management Theory since 1945 (Chapel Hill: University of North Carolina Press, 1991); 关于泰罗、吉尔布雷斯夫妇以及科学管理的全面概述，请参阅 Nikil Saval, *Cubed: A Secret History of the Workplace* (New York: Doubleday, 2014)。

11. Carter to Abel, June 22, 1962, Box 29, Folder 8, United Shoe Machinery Corporation Records, Archives Center, National Museum of American History, Washington, DC.
12. "Reaction to Discussion on Synectics," Jackson to Goodchild, June 22, 1962, Box 29, Folder 8, United Shoe Machinery Corporation Records, Archives Center, National Museum of American History, Washington, DC.
13. Goodchild to Prince, March 8, 1963, Box 29, Folder 8, United Shoe Machinery Corporation Records, Archives Center, National Museum of American History, Washington, DC.
14. Tape transcript as reproduced in Tom Alexander, "Invention by the Madness Method," *Fortune*, August 1965.
15. Alexander, 165.
16. William J. J. Gordon, *Synectics: The Development of Creative Capacity* (New York: Harper & Row, 1961), 8.
17. *20/20*, date unknown.
18. Prince to Overly, June 21, 1962, Box 29, Folder 8, United Shoe Machinery Corporation Records, Archives Center, National Museum of American History, Washington, DC.
19. "Synectics' Art of Analogy Makes Creativity a Science," *Executive's Bulletin*, October 1965.
20. Chris Argyris, *Personality and Organization: The Conflict between System and the Individual* (New York: Harper & Row, 1957); Douglas McGregor, *The Human Side of Enterprise* (New York: McGraw-Hill, 1960).
21. McGregor, *The Human Side of Enterprise*.
22. McGregor, 22.
23. Gordon, *Synectics: The Development of Creative Capacity*, 10.
24. Box 29, Folder 8, United Shoe Machinery Corporation Records, Archives Center, National Museum of American History, Washington, DC.
25. Prince to Overly June 21, 1962, Box 29, Folder 8, United Shoe Machinery

Corporation Records, Archives Center, National Museum of American History, Washington, DC.

26. "Synectics' Art of Analogy Makes Creativity a Science,'" *Executive's Bulletin*, October 30, 1965.

27. John E. Arnold, *Creative Engineering*, ed. William J. Clancey (n.p.: William J. Clancey, 2016), 115.

28. Peter Vanderwicken, "USM's Hard Life as an Ex-Monopoly," *Fortune*, October 1972, 124.

29. Pamphlet, "An Intensive Course on Creative Problem Solving," 1963, Box 29, Folder 8, United Shoe Machinery Corporation Records, Archives Center, National Museum of American History, Washington, DC.

30. Tolly, "The Creativity Review."

5 有创造力的孩子

1. Diane Ravitch, *The Troubled Crusade: American Education, 1945–1980* (New York: Basic Books, 1985), 231.

2. Quoted in Chandler Brossard, "The Creative Child," *Look*, November 7, 1961, 113.

3. Teresa Amabile, *Creativity in Context: Update to "The Social Psychology of Creativity"* (Boulder, CO: Westview Press, 1996), 24.

4. 更多关于战后美国的创造力和童年参见 Amy Ogata, *Designing the Creative Child* (Minneapolis: University of Minnesota Press, 2013)。

5. Kristie L. Speirs Neumeister and Bonnie Cramond, "E. Paul Torrance (1915-2003)," *American Psychologist* 59, no. 3 (April 2004): 179; unidentified persons affiliated with the Creative Education Foundation, Interview with E. P. Torrance, videotape, c. 1989, Box 34, E. Paul Torrance Papers, MS 2344, Hargrett Rare Book and Manuscript Library, University of Georgia Libraries. 目前尚不清楚托伦斯采用"创造力"一词在多大程度上要归功于我们所谓的吉尔福特效应。但很明显,国家专业协会主席将创造力列为值得研究的对象,这件事促使不少研究人员接受了这个新提法,否则他们的研究工作可能仍属于"想象力"、"效率"、"独创性"或"智力"的范畴。托伦斯一再声称,他对创造力的兴趣始于 20 世纪 30 年

代，后来的传记作家也重复这一说法。他声称自己深受1943年出版的《方枘圆凿》(*Square Pegs in Round Holes*)和1945年出版的职业心理学图书《意识形态》(*Ideophoria*)的影响，这两本书都在一定程度上讨论了"创造性想象力"。但托伦斯第一次系统地使用这个词是在20世纪50年代末。

6. Robert Genter, "Understanding the Pow Experience: Stress Research and the Implementation of the 1955 US Armed Forces Code of Conduct," *Journal of the History of the Behavioral Sciences* 51, no. 2 (2015): 158, https://doi.org/10.1002/jhbs.21696.

7. Brossard, "The Creative Child," 113.

8. E. Paul Torrance, ed., *Creativity: Proceedings of the Second Minnesota Conference on Gifted Children, October 12–14, 1959* (Minneapolis: University of Minnesota Center for Continuation Study of the General Extension Division, 1959), 25.

9. Harold H. Anderson, ed., *Creativity and Its Cultivation* (New York: Harper & Brothers, 1959), 181–182.

10. E. P. Torrance, *Norms-Technical Manual: Torrance Tests of Creative Thinking* (Lexington, MA: Ginn and Company, 1974), 8.

11. Unidentified persons affiliated with the Creative Education Foundation, interview with E. P. Torrance.

12. 这些测试最初被称为明尼苏达创造性思维测试，但在1966年托伦斯离开明尼苏达州前往佐治亚大学时改名。因为从那以后它们就被称为托伦斯创造性思维测试，为了简单起见，我选择使用这个更为熟悉的名字。

13. Philip E Vernon, *Creativity: Selected Readings* (Harmondsworth, UK: Penguin, 1970), 339.

14. Calvin W. Taylor, *Creativity: Progress and Potential* (New York: McGraw Hill, 1964), 178.

15. Arthur M. Schlesinger, *The Vital Center: The Politics of Freedom* (Boston: Houghton Mifflin Company, 1962).

16. Rockefeller Brothers Fund, *The Pursuit of Excellence: Education and the Future of America* (Garden City, NY: Doubleday & Company, Inc., 1958), 205.

17. John W. Gardner, *Excellence: Can We Be Equal and Excellent Too?* (New

York: Harper & Brothers, 1961), 35.
18. David F. Labaree, "Public Goods, Private Goods: The American Struggle over Educational Goals," *American Educational Research Journal* 34, no. 1 (1997): 42.
19. Rockefeller Brothers Fund, *The Pursuit of Excellence*, v.
20. E. Paul Torrance, "Towards a More Humane Kind of Education," paper presented at the Annual Statewide Meeting of the Florida Association for Childhood Education, Tampa, Florida, October 5, 1963.
21. E. Paul Torrance, ed., *Education and the Creative Potential* (Minneapolis: University of Minnesota Press, 1963), 3–4.
22. Torrance, 3.
23. Torrance, 4.
24. E. Paul Torrance, "Is Creativity Research in Education Dead?" paper presented at the conference Creativity: A Quarter Century Later, Center for Creative Leadership, Greensboro, North Carolina, 1973.
25. M. K. Raina, *The Creativity Passion: E. Paul Torrance's Voyages of Discovering Creativity* (Westport, CT: Greenwood Publishing Group, 2000), 12.
26. "Various Parent Letters," n.d., MS3723–Torrance Personal Papers, Carton 4, University of Georgia Special Collections.

6 麦迪逊大道上的革命

1. *Printers' Ink*, January 2, 1959, 17–19.
2. *Printers' Ink*, January 2, 1959, cover, 17–19.
3. "How to Keep a Creative Man Creative," *Printers' Ink*, April 11, 1958, 51.
4. *Printers' Ink*, January 2, 1959, 18–19.
5. Thomas Frank, *The Conquest of Cool: Business Culture, Counterculture, and the Rise of Hip Consumerism* (Chicago: University of Chicago Press, 1998), 35–36.
6. Draper Daniels, "Don't Talk Creativity–Practice It," *Printers' Ink*, May 26, 1961, 52.
7. Daniels, 52.

8. "Printers' Ink Predicts for 1959: More Creativity, Agency-Client Rapport, New Products and Marketing Pressures," *Printers' Ink*, January 2, 1959, 31–32.
9. Paul Smith, ed., *Creativity: An Examination of the Creative Process* (New York: Communication Arts Books, 1959), 16.
10. Smith, 17–18.
11. Pierre D. Martineau, "The World Can Be Added to Me," *Printers' Ink*, April 2, 1961, 46.
12. "Report of Proceedings of the Second Annual Creative Problem-Solving Institute," Creative Education Foundation, 1956, Box 16, Alexander F. Osborn Papers, 1948-1966, University Archives, State University of New York at Buffalo.
13. "How to Keep a Creative Man Creative," 51.
14. "The Creative Man: His Moods and Needs," *Printers' Ink*, June 13, 1958.
15. Paul Smith, "What Science Knows about Creative People," *Printers' Ink*, April 14, 1961.
16. *Printers' Ink*, January 2, 1959, 17.
17. Quoted in Frank, *The Conquest of Cool*, 40.
18. Stephen R. Fox, *The Mirror Makers: A History of American Advertising and Its Creators* (New York: Morrow, 1984), 182.
19. Quoted in Frank, *The Conquest of Cool*, 56.
20. Carl Ally, a PKL defector, in 1966, quoted in Frank, 99.
21. Earnest Elmo Calkins, "My Creative Philosophy," *Printers' Ink*, March 18, 1960, 54.
22. Quoted in Frank, *The Conquest of Cool*, 96.
23. Frank, 57.
24. *Printers' Ink*, January 2, 1959, 7.
25. Quoted in Fox, *The Mirror Makers*, 222.
26. "The Creative Man: His Moods and Needs," 31.
27. Robert Alden, "Advertising: 'Cult of Creativity' Is Scored by Harper," *New York Times*, October 28, 1960.
28. Alfred Politz, "The Dilemma of Creative Advertising," *Journal of Marketing*, October 1960, 1–6.

29. Politz. 20世纪50年代最著名的"因果"方法的倡导者是罗瑟·里夫斯,他和波利茨一样,认为广告不是艺术,而是"一门科学,就像工程学一样"。"广告中最危险的词,"他认为,"是独创性。"(quoted in Fox, The Mirror Makers, 193)。
30. "Display Aol 38," *Wall Street Journal*, May 6, 1963.
31. "The Creative Man: His Moods and Needs," 32.
32. *Printers' Ink*, February 5, 1960, inside cover.
33. John Kenneth Galbraith, *The Affluent Society* (Boston: Houghton Mifflin, 1958), 129.
34. Daniel Horowitz, *The Anxieties of Affluence: Critiques of American Consumer Culture, 1939–1979* (Amherst: University of Massachusetts Press, 2004), 52–53.
35. Betty Friedan, *The Feminine Mystique* (New York: W. W. Norton & Company, 2010), 300–301.
36. Drucker apparently once said he remembered playing soccer with Dichter when they were boys.
37. 德鲁克说过,他记得小时候和迪希特一起踢过足球。
38. Ernest Dichter, "Creativity: A Credo for the Sixties," unpublished manuscript, March 25, 1960, Box 173, Ernest Dichter Papers, Hagley Museum & Library, Wilmington, Delaware.
39. Box 175, Folder 8, Ernest Dichter Papers, Hagley Museum & Library, Wilmington, Delaware.
40. "Advertising's Creative Explosion," *Newsweek*, August 18, 1969. (The cover read "Advertising's Creative Revolution.")
41. Frank, *The Conquest of Cool*, 53–73.
42. Frank, 60.
43. Frank, 67.
44. Frank, 31.
45. Frank, 8.

7　创造力之死

1. *Machine Design*, May 27 and June 10, 1965.

2. "Putting Creativity to Work," in *The Nature of Creativity: Contemporary Psychological Perspectives* (Cambridge and New York: Cambridge University Press, 1988), 79.
3. Frank X. Barron, *Creativity and Personal Freedom* (New York: Van Nostrand, 1968), 7, quoted in Amy Ogata, *Designing the Creative Child* (Minneapolis: University of Minnesota Press, 2013), 19.
4. Calvin W. Taylor and Frank Barron, eds., *Scientific Creativity: Its Recognition and Development* (New York: John Wiley & Sons, 1963); Calvin W. Taylor, *Creativity: Progress and Potential* (New York: McGraw-Hill, 1964); Frank Barron, *Creativity and Psychological Health* (Princeton, NJ: D. Van Nostrand Company, Inc., 1963); E. Paul Torrance, *Guiding Creative Talent* (Englewood Cliffs, NJ: Prentice-Hall, Inc., 1962); Calvin W. Taylor, ed., *Widening Horizons in Creativity: The Proceedings of the Fifth Utah Creativity Research Conference* (New York: Wiley, 1964).
5. Taylor, *Creativity*, 10.
6. Quinn McNemar, "Lost: Our Intelligence? Why?" *American Psychologist* 19, no. 12 (1964): 876.
7. R. L. Ebel, "The Future of Measurements of Abilities II," *Educational Researcher* 2, no. 3 (1973): 2.
8. Liam Hudson, *Contrary Imaginations: A Psychological Study of the Young Student* (New York: Schocken Books, 1966).
9. McNemar, 880.
10. Ray Hyman, "Creativity," *International Science and Technology*, August 1963, 52.
11. Robert L. Thorndike, "Some Methodological Issues in the Study of Creativity," in *Testing Problems in Perspective*, ed. Anne Anastasi (Washington, DC: American Council on Education, 1966), 448.
12. McNemar, "Lost: Our Intelligence?"; Michael A. Wallach and Nathan Kogan, *Modes of Thinking in Young Children: A Study of the Creativity-Intelligence Distinction* (New York: Holt, Rinehart and Winston, 1965); Michael A. Wallach and Nathan Kogan, "A New Look at the Creativity-Intelligence Distinction," *Journal of Personality* 33 (1965): 348–69.
13. Taylor, *Creativity*, 7.

14. 隶属创意教育基金会，身份不明，采访伊·彼·托伦斯。
15. Jerome Kagan, *Creativity and Learning* (Boston: Houghton Mifflin, 1967), vii.
16. Catharine M. Cox, *The Early Mental Traits of Three Hundred Geniuses* (Stanford, CA: Stanford University Press, 1926), quoted in Robert J. Sternberg, *Wisdom, Intelligence, and Creativity Synthesized* (Cambridge: Cambridge University Press, 2003).
17. John Baer, "Domain Specificity and the Limits of Creativity Theory," *Journal of Creative Behavior* 46, no. 1 (2012): 16.
18. Baer, 16.
19. Hudson, *Contrary Imaginations*.
20. Library of Congress, Nicholas E. Golovin Papers, Box 26, NYU Creative Science Program— Book Project— Chapter draft s by Blade, Coler, and Fox, 1961– 1963.
21. Stephen Cole, "Review of *Essays on Creativity in the Sciences*, by Myron A. 238 Notes to Chapter 8 Coler," *Technology and Culture* 6, no.1(1965):158– 59, https://doi.org/ 10 .2307/ 3100984.
22. Taylor, *Creativity*, 7.
23. Paul Smith, ed., *Creativity: An Examination of the Creative Process* (New York: Communication Arts Books, 1959), 54– 55.
24. Mel Rhodes, "An Analysis of Creativity," *Phi Delta Kappan* 42, no.7 (1961): 305–310; Calvin Taylor and Robert L. Ellison, "Moving Toward Working Models in Creativity: Utah Experiences and Insights," in *Perspectives in Creativity*, ed. Irving A. Taylor and J. W. Getzels (Chicago: Aldine Publishing Co., 1975), 191.
25. Taylor, *Creativity*, 7.
26. Chambers, "Creative Scientists of Today."
27. Cox, *The Early Mental Traits of Three Hundred Geniuses*, quoted in Sternberg, *Wisdom, Intelligence, and Creativity Synthesized*, 95.
28. Taylor and Barron, eds., *Scientific Creativity: Its Recognition and Development*, 372.
29. Frank Barron, *Creative Person and Creative Process* (New York: Holt, Rinehart and Winston, 1969), 2.

30. 不止一个受访者向我提出了这个原因，但还需要进一步的研究来追踪那些发表在现有学术期刊上的关于创造力研究减少的情况。
31. Rosalie Deer Heart and Doris J. Shallcross, *Celebrating the Soul of CPSI* (Buffalo, NY: Creative Education Foundation, 2004), 143–154.
32. Gruber, Terrell, and Wertheimer, *Contemporary Approaches to Creative Thinking*, x.
33. Hudson, *Contrary Imaginations*.

8　从进步到创造力

1. Carl R. Rogers, "Toward a Theory of Creativity," in *Creativity and Its Cultivation*, ed. Harold H. Anderson (New York: Harper & Brothers, 1959).
2. "You and Creativity," *Kaiser Aluminum News* 25, no. 3 (January 1968): 17.
3. Abraham H. Maslow, "Emotional Blocks to Creativity," in *The Farther Reaches of Human Nature*, An Esalen Book (New York: Viking Press, 1971), 85.
4. Jacques Ellul, *The Technological Society* (New York: Knopf, 1964).
5. Matthew H. Wisnioski, "How the Industrial Scientist Got His Groove: Entrepreneurial Journalism and the Fashioning of Techno scientific Innovators," in *Groovy Science: Knowledge, Innovation, and American Counterculture*, ed. David Kaiser and Patrick McCray (Chicago: University of Chicago Press, 2016), 341–342.
6. William G. Maas, quoted in Wisnioski, 342.
7. Steven Shapin, *The Scientific Life: A Moral History of a Late Modern Vocation* (Chicago: University of Chicago Press, 2008), 96.
8. William Whyte, *The Organization Man* (New York: Simon and Schuster, 1956), 8.
9. "Transcript of President Dwight D. Eisenhower's Farewell Address (1961)," National Archives, accessed July 14, 2020, https://www.archives.gov/milestone-documents/president-dwight-d-eisenhowers-farewell-address.
10. Fred Turner, *From Counterculture to Cyberculture: Stewart Brand, Whole Earth Network, and the Rise of Digital Utopianism* (Chicago: University of Chicago Press, 2006); David Kaiser and Patrick McCray, eds., *Groovy*

Science: Knowledge, Innovation, and American Counterculture (Chicago: University of Chicago Press, 2016).

11. John F. Sargent Jr., "The Office of Technology Assessment: History, Authorities, Issues, and Options," Congressional Research Service, April 14–19, 2020, https://www.everycrsreport.com/reports/R46327.html # _ Toc38965552.

12. E. Finley Carter, "Creativity in Research," in *Creativity: An Examination of the Creative Process*, ed. Paul Smith (New York: Communication Arts Books, 1959),113.

13. Carter, 119.

14. Carter, 115.

15. John E. Arnold, "Creativity in Engineering," in *Creativity: An Examination of the Creative Process*, ed. Paul Smith (New York: Communication Arts Books, 1959), 34.

16. John E. Arnold, *Creative Engineering*, ed. William J. Clancey (n.p.: William J. Clancey, 2016), 128.

17. Quoted in Wisnioski, "How the Industrial Scientist Got His Groove," 342.

18. J. J. O'Connor and E. F. Robertson, "Jacob Bronowski Biography," MacTutor, last update October 2003, accessed May 24, 2017, http://www-history.mcs.st-and.ac.uk/Biographies/Bronowski.html.

19. Saul Bass, "Creativity in Visual Communication," in *Creativity: An Examination of the Creative Process*, ed. Paul Smith (New York: Communication Arts Books, 1959), 130.

20. Jacob Bronowski, "The Creative Process," *Scientific American* 199, no. 3 (1958): 63.

21. Frank Barron, "The Psychology of Imagination," *Scientific American* 199, no. 3 (1958): 150–156.

22. Bronowski, "The Creative Process," 60.

23. David F. Noble, *America by Design: Science, Technology, and the Rise of Corporate Capitalism* (New York: Knopf, 1977), part 1; Steven Shapin, *The Scientific Life: A Moral History of a Late Modern Vocation* (Chicago: University of Chicago Press, 2008).

24. Dennis Flannagan, "Creativity in Science," in *Creativity: An Examination*

of the Creative Process, ed. Paul Smith (New York: Communication Arts Books, 1959),104.
25. Flannagan, 105.
26. Flannagan, 105.
27. Flannagan, 108.
28. 长期以来，美国公司一直用艺术形式来表达自己和资本主义体制。参见 Roland Marchand, *Advertising the American Dream: Making Way for Modernity*, 1920-1940 (Berkeley: University of California Press, 1985); Neil Harris, *Art, Design, and the Modern Corporation: The Collection of Container Corporation of America* (Washington, DC: Smithsonian Institution Press, 1985); 关于批评军事工业科技的工程师如何拥护艺术并经常使用创造性的语言，参见 Matthew H. Wisnioski, *Engineers for Change: Competing Visions of Technology in 1960s America* (Cambridge, MA: MIT Press, 2012), 特别是第 6 章。
29. 还有更多：Argonne National Laboratory: "The continuing progress of civilization and culture is the result of creativity… The proper environment, availability of equipment, stimulation of other scientists, the challenge to think and the opportunity for interesting problems–these nurture the creative process"；Hughes Aircraft: "Freedom of investigation… unmatched laboratory facilities… financial support of efforts toward advanced degrees… these are the pillars of what the Hughes Research & Development Laboratories refer to as creative engineering"；Radio Corporation of America: "Creative Ability Distinguishes the RCA Engineer… Aware that engineering today's defense systems would require new and fresh approaches, RCA management has consistently placed a premium on creativity… Your individual thinking is welcomed. You, in turn, will be stimulated by RCA's creative atmosphere"。

9　创造力万岁

1. Andreas Reckwitz, *The Invention of Creativity: Modern Society and the Culture of the New* (Malden, MA: Polity, 2017).
2. Mark A. Runco and Steven R. Pritzker, *Encyclopedia of Creativity*, 2nd edition (Amsterdam: Academic Press/Elsevier, 2011), xxi.

3. Zigmunt Bauman, *Liquid Modernity* (Cambridge: Polity, 2000).
4. Luc Boltanski and Eve Chiapello, *The New Spirit of Capitalism*, trans. G. Elliot (London: Verso, 2005); Richard Sennett, *The Culture of the New Capitalism* (New Haven, CT: Yale University Press, 2006).
5. David Harvey, *The Condition of Postmodernity* (Cambridge, MA: Blackwell,1989); Andrew Ross, *No-Collar: The Humane Workplace and Its Hidden Costs* (New York: Basic Books, 2003); Andrew Ross, *Nice Work If You Can Get It: Life and Labor in Precarious Times* (New York: NYU Press, 2009).
6. Cf. Teresa Amabile, The Social Psychology of Creativity (New York: Springer-Verlag, 1983). 正如我们所看到的，创造力研究人员很早就认识到研究创造力的社会和环境因素，这对管理人员和教育工作者来说显然很重要，到20世纪60年代末，创造力研究已经朝着更面向社会的方向发展。例如，1966年第七届，也是最后一届犹他会议的主题是"创造气候"。参见 the work of Morris Stein。
7. Amabile, *The Social Psychology of Creativity*.
8. Charles J. Limb and Allen R. Braun, "Neural Substrates of Spontaneous Musical Performance: An FMRI Study of Jazz Improvisation," *PLOS ONE* 3, no. 2 (February 27, 2008): e1679.
9. 受访者包括莫蒂默·阿德勒、埃德·阿斯纳、约翰·霍普·富兰克林、约翰·加德纳(在第三章中，他是人格评估与研究中心创造力研究的支持者和普及者，也是颇具影响力的洛克菲勒兄弟教育报告的作者)、罗伯特·高尔文(摩托罗拉首席执行官，也是亚历克斯·奥斯本的追随者)、史蒂文·杰伊·古尔德、凯蒂·卡莱尔·哈特、尤金·麦卡锡、奥斯卡·彼得森、大卫·里斯曼、乔纳斯·索尔克、拉维·尚卡尔、本杰明·斯波克、马克·斯特兰德、伊·欧·威尔逊、希·范恩·伍德沃德等数十人。Mihaly Csikszentmihalyi, *Creativity: Flow and the Psychology of Discovery and Invention* (New York: Harper Perennial, 1997), 373–391.
10. Csikszentmihalyi, 1.
11. Csikszentmihalyi, 1–10.
12. Beth A. Hennessey and Teresa M. Amabile, "Creativity," *Annual Review of Psychology* 61, no. 1 (January 2010): 570, https://doi.org/10.1146/annurev.

psych .093008 .100416.

13. Csikszentmihalyi, *Creativity*, 7
14. Hennessey and Amabile, "Creativity," 590.
15. Hennessey and Amabile, 571.
16. Hennessey and Amabile, 582.
17. Bruce Nussbaum, *Creative Intelligence: Harnessing the Power to Create, Connect, and Inspire* (New York: HarperBusiness, 2013), 6–7.
18. Robert J. Sternberg and Todd I. Lubart, *Defying the Crowd* (New York: The Free Press, 1995), vii.
19. 推动这一转变的不仅仅是指导类书籍。著名的创造力专家玛格丽特·波登（Margaret Boden）的书《创造性思维：神话与机制》(*The Creative Mind: Myths and Mechanisms*) 一开始就列举了许多天才："Shakespeare, Bach, Picasso; Newton, Darwin, Babbage; Chanel, the Saatchis, Groucho Marx, the Beatles. . . . From poets and scientists to advertisers and fashion designers, creativity abounds。"第一句话是这样写的，然后他立即澄清，像修车这样的"日常"活动也需要创造力。Margaret A.oden, The Creative Mind: Myths & Mechanisms (New York: Basic Books, 1991).20. Keith Negus and Michael J. Pickering, *Creativity, Communication, and Cultural Value* (London: SAGE Publications, Inc., 2004), 49.
20. Keith Negus and Michael J. Pickering, *Creativity, Communication, and Cultural Value* (London:SAGE Publications, Inc., 2004), 49.
21. Nicholas Garnham, "From Cultural to Creative Industries," *International Journal of Cultural Policy* 11, no. 1 (2005): 16; Ross, 15–52.
22. Sean Nixon, "The Pursuit of Newness," *Cultural Studies* 20, no. 1 (2006): 89–106, https://doi.org/10.1080/09502380500494877.
23. Richard Florida, *The Rise of the Creative Class: And How It's Transforming Work, Leisure, Community and Everyday Life* (New York: Basic Books, 2002), 8.
24. Florida, 6.
25. Christopher Dreher, "Be Creative–or Die," Salon, June 7, 2002, https://www.salon.com/2002/06/06/florida_22/.
26. 参见 John Hartley, Creative Industries (Malden, MA: Blackwell, 2005); Kate Oakley, "Not So Cool Britannia: The Role of the Creative Industries in

Economic Development," *International Journal of Cultural Studies* 7, no. 1 (2004): 67–77; Geert Lovink, *My Creativity Reader: A Critique of Creative Industries* (Amsterdam: Institute of Network Cultures, 2007); Gerald Raunig, Gene Ray, and Ulf Wuggenig, *Critique of Creativity: Precarity, Subjectivity and Resistance in the "Creative Industries"* London: MayFlyBooks, 2011); Terry Flew, *The Creative Industries: Culture and Policy* (Newbury Park, CA: Sage Publications, 2012)。关于艺术带来经济影响的一个例子是新英格兰艺术基金会，"New England's Creative Economy: Nonprofit Sector Impact," September 2011, https://www.nefa.org/sites/default/files/documents/NEFANonprofitStudy_3-2010.pdf; 关于 Soho 一族，请参阅 Sharon Zukin, *Loft Living: Culture and Capital in Urban Change*, Johns Hopkins Studies in Urban Affairs (Baltimore, MD: Johns Hopkins University Press, 1982)。

27. Doug Henwood, "Behind the News," May 10, 2018, http://shout.lbo-talk.org/lbo/RadioArchive/2018/18_05_10.mp3.

28. Garnham, "From Cultural to Creative Industries," 16.

29. Johannes Novy and Claire Colomb, "Struggling for the Right to the (Creative) City in Berlin and Hamburg: New Urban Social Movements, New 'Spaces of Hope' ? Debates and Developments," *International Journal of Urban and Regional Research* 37, no. 5 (September 2013): 1816–38, https://doi.org/10.1111/j.1468 2427.2012.01115.x.

30. Angela McRobbie, *Be Creative: Making a Living in the New Culture Industries* (Cambridge: Polity Press, 2016); Tyler Denmead, *The Creative Underclass: Youth, Race, and the Gentrifying City*, illustrated edition (Durham, NC: Duke University Press, 2019).

31. "Mission," *Creative Class Struggle* (blog), accessed November 7, 2011, http://creativeclassstruggle.wordpress.com/mission.

32. Samuel Franklin, "'I'm Still an Outsider': An Interview with Richard Florida," 2022, https://arcade.stanford.edu/content/im-still-outsider-interview-richard-florida.

33. Oli Mould, *Against Creativity* (London: Verso, 2018), 11–12, 16.

34. Steven Poole, "*Against Creativity* by Oli Mould Review," *Guardian*, September 28, 2018, https://www.theguardian.com/books/2018/sep/26/against-creativity-oli-mould-review.

35. 1962年由学生争取民主社会的休伦港声明呼吁用"爱、反思、理性、创造力和独特性取代占有和特权"。

36. Kirin Narayan, *Everyday Creativity: Singing Goddesses in the Himalayan Foothills* (Chicago: University of Chicago Press, 2016), 29; Richard H. King, *Race, Culture, and the Intellectuals, 1940–1970* (Washington, DC: Woodrow Wilson Center Press, 2004), 125, 156; 参见 Craig Lundy, *History and Becoming: Deleuze's Philosophy of Creativity* (Edinburgh: Edinburgh University Press, 2012)。

结论：该做些什么

1. Thomas Osborne, "Against 'Creativity': A Philistine Rant," *Economy and Society* 32, no. 4(November1,2003):507–525, https://doi.org/10.1080/0308514032000141684.

2. Evgeny Morozov, *To Save Everything, Click Here: The Folly of Technological Solutionism* (New York: Public Affairs, 2013).

3. Jenny Odell, *How to Do Nothing: Resisting the Attention Economy* (Brooklyn, NY: Melville House, 2019), 25.

4. Andrew Russel and Lee Vinsel, "Innovation Is Overvalued. Maintenance Often MattersMore," *Aeon*, April7, 2016, https://aeon.co/essays/innovation-is-overvalued-maintenance-often-matters-more; Andrew Russel and Lee Vinsel, *The Innovation Delusion: How Our Obsession With the New Has Disrupted the Work That Matters Most* (New York: Currency, 2020); Giorgos Kallis, Susan Paulson, Giacomo D'Alisa, and Federico Demaria, *The Case for Degrowth* (Cambridge, UK: Polity, 2020).

索 引

页码后面加"f"表示图片

（索引中页码为英文原版页码，即本书页边码）

A

AC Spark Plug Test of Creative Ability 交流火花塞创造能力测试 156

Administrators, creative individuals versus 管理者，有创造力的人 13

Advertising industry 广告业 133–154

Affluent society, components of 富裕社会，组成部分 11

Against Creativity (Mould) 《反对创造力》（莫尔德） 202

Air Force, creative thinking courses 空军，创造性思维课程 70

Alcoa 美国铝业公司（美铝公司） 113, 180–182, 181f

Alienation, as problem of capitalism 疏离，资本主义的问题 99

Amabile, Theresa 特蕾莎·阿玛比尔 189–191, 220n19

American Psychological Association (APA) 美国心理学会（APA） 3, 19–20

Analogical thinking 类比的方式 103

Anderson, John E. 约翰·E. 安德森 45–46

Anti-establishment marketing 反社会体制的营销 151–153

Anti-feminists 反女权主义者 43–44

Anti-institutionalism 反制度 208

Anti-intellectualism 反智主义 72

Applied Imagination (Osborn) 应用想象力（奥斯本） 53, 70–72, 74

Architects 建筑师 36–38

Argonne National Laboratory, on creativity 阿贡国家实验室，创造力 240n29

Argyris, Chris 克里斯·阿吉里斯 112

Arnold, John E. 约翰·E. 阿诺德 62, 75, 106, 114, 138, 173–174

Art: as locus for creativity 艺术：创造力的源泉 94–96

Art Directors Club of New York 纽约艺术总监俱乐部 137, 178

Arthur D. Little (ADL) 阿瑟·D. 利特尔（ADL） 104–105

Artist's Way, (Cameron) 《艺术家之路》（卡梅伦） 3

Authoritarian personality, the 专制人格 23, 92, 98, 140

Authoritarian Personality, The (research study) 《权威人格》（研究） 92

Autonomy. See also individualism 自主

（权），也可见个人主义 84–89, 101

B

Bakhtin, Mikhail 米哈伊尔·巴赫金 73
Balance, as characteristic of creativity 平衡，作为创造力的特征 86
Baldwin, James 詹姆斯·鲍德温 219n16
Barron, Frank 弗兰克·巴伦 21f, 39–41, 50, 75–76, 80, 84, 86, 88–89, 93–94, 156, 163–164, 168
Barron-Welsh Art Scale 巴伦－威尔士艺术量表 36
Bass, Saul 索尔·巴斯 67–69, 137, 166, 169, 175
Batten, Barton, Durstine, and Osborn (BBDO) 知名广告公司 BBDO 52–53
Bauman, Zygmunt 齐格蒙特·鲍曼 188
Behaviorism 行为主义 24–25, 82–83
Bergson, Henri 亨利·柏格森 86
Bernbach, Bill 比尔·伯恩巴赫 141, 144, 150–151
Bias, in studies of genius 偏见 29
Big Bang of creativity 创造力大爆炸时期 5–8, 6f
Bilbao effect 毕尔巴鄂效应 199
Binet, Alfred 阿尔弗雷德·比奈 29
Blue-collar labor 蓝领工人 11
Boas, Franz 弗朗茨·博厄斯 30
Boden, Margaret 玛格丽特·波登 241n19
Boeing Scientific Research Laboratory 波音科学研究实验室 180
Brainstorming 头脑风暴 52–77, 54f
Brain work 脑力工作 40
Brand names, brainstorming and 品牌名称，头脑风暴 54f
Brick test 砖块测试 17, 34, 168
Bristol, Lee 李·布里斯托尔 62
Brogden, Hubert E. 休伯特·E. 布罗格登 45, 47–48
Bronowski, Jacob 雅各布·布朗诺夫斯基 175–177, 182
Bruner, Jerome 杰罗姆·布鲁纳 15, 50
Buckley, William F. 威廉·F. 巴克利 91
Buffalo, New York, as center of research on creativity 布法罗 192
Buffalo State College, International Center for Creativity Studies 布法罗州立学院 192
Bureaucracies, growth of 官僚机构 134
Burnett, Leo 李奥·贝纳 142–143
Businesses 工业（企业） 64–69

C

Cameron, Julia 朱莉娅·卡梅伦 3
Capitalism 资本主义 99–101, 197, 202–203
Carnivalesque, the 嘉年华狂欢 73
Carter, E. Finley E. 芬利·卡特 66, 172–174
Cattell, Raymond 雷蒙德·卡特尔 31
CEF. See Creative Education Foundation 创意教育基金会
Change and creativity 改变和创新 89–91
Children, creativity in 儿童创意 89–91, 117–132
Cities, as locus for creativity 城市，创造力所在地 197–198
Class: creative society and, 201–2; lack of attention to, in research on creativity, 39 阶层：创意社会 201–202；缺乏关注，对创造力的研究 39
Cohen-Cole, Jamie 杰米·科恩－科尔 92
Cold War 冷战 13, 23, 25–26, 70, 92, 170–171, 183
Commodity fetishism 商品拜物教 148
Companies. See businesses 公司，见企业
Condon, Eddie 埃迪·康登 138
Conformity, as issue of mass society 从众 12–14

索 引

Consumers and consumerism 消费者, 消费主义 4, 136, 146–147, 188
Contemporary issues in creativity 当代创意问题 185–204
Corporations. See businesses 公司, 见企业
Counterculture, inclusion on advertising industry 反主流文化, 在广告业 149–152
COVID-19 pandemic 2019年新冠病毒 209
Cox, Catherine 凯瑟琳·考克斯 29, 162
CPSI (Creative Problem-Solving Institute) "用创意解决问题"研讨会（CPSI） 54, 61–62, 64–66, 69, 72–73, 192
Creative, meaning of term 创造力, 术语 218n11
Creative children. See children, creativity in 有创造力的孩子
Creative class 创意阶级 2, 197, 200
Creative Class Group 创意阶级集团 198–199
"Creative Class Struggle" (blog) 创意阶级斗争 201
Creative Education Foundation (CEF) 创意教育基金会（CEF） 53–54, 58, 61–62, 63f, 67, 70–71, 75, 163
Creative Problem-Solving Institute (CPSI) 用创意解决问题（CPSI） 54, 61–62, 64–66, 69, 72–73, 192
Creativity (generally) 创造力（一般） 1–18, 19–51, 52–77, 78–101, 102–116, 117–132, 133–154, 155–165, 166–184, 185–204, 205–211
Creativity (specifics) 创造力（特殊），创意, 创新 5–8, 6f, 9–10, 14, 44–48, 53–54, 57, 62–63, 70–72, 74, 76–77, 86, 93, 113–114, 119–121, 136–137, 186, 141, 143–144, 148, 149–153, 159–160, 163–164, 173174, 178, 185–186, 191–193, 194–195, 196–204, 209
Creativity and Psychological Health (Barron) 《创造力与心理健康》（巴伦） 85
Critical thinking 批判性思维 71
Csikszentmihalyi, Mihaly 米哈里·契克森米哈赖 3–4, 190, 191
Cult of creativity 崇拜创造力 5, 189, 202, 206–209
Culture 文化 196, 202–204

D

Daniels, Draper 德雷珀·丹尼尔斯 134–135, 144
Da Vinci, Leonardo 列奥纳多·达·芬奇 175
DDB (Doyle Dane Bernbach agency) 道尔·丹·伯恩巴赫 142, 150
Deleuze, Gilles 吉尔·德勒兹 203
Delft University of Technology 代尔夫特理工大学 192
Deliberate creative effort. *See also* brainstorming 深思熟虑的创造性努力 69, 71 见头脑风暴
Democratic equality 民主平等 127
Democratic personality 民主人格 91–94
Depth assessment 深度评估法 36
Design Thinking 设计思维 192
Desire, manufacture in advertising 渴望, 广告产品 145–149
Development of creativity 创造力的发展 124–125
Dewey, John 约翰·杜威 176
Dichter, Ernest 欧内斯特·迪希特 147–149
Divergent thinking 发散思维 33–35, 74–75, 125, 190
"Do-nothing Machine" 无为机器（纽哈特） 182
Dow Chemical, "Creativity Review," on Synectics 陶氏化学公司,《创造力评论》, 集思法 115–116
Doyle Dane Bernbach (DDB) (agency) 道尔·丹·伯恩巴赫 142, 150
Drucker, Peter 彼得·德鲁克 14, 99,

113, 148

D.school (Hasso Plattner Institute of Design, Stanford University) 哈索·普拉特纳设计学院 192–193

DuBois, W. E. B. W. E. B.杜波依斯 30

DuPont 杜邦 64–65

E

Ebel, Robert L. 罗伯特·L. 埃贝尔 156

Economy: creative economy paradigm 经济：创意经济范式 146–147, 199–200

Edison, Thomas 托马斯·爱迪生 162

Education: creative economy paradigm 教育：创意思维 70–72, 76, 120, 124, 126–128

Egalitarianism, elitism versus 平等主义与精英主义 16–17

Einstein, Albert 阿尔伯特·爱因斯坦 71, 217n7

Eisenhower, Dwight D. 艾森豪威尔总统 171

Ellul, Jacques 雅克·埃卢 170

Eminence, as proxy for creativity 卓越，作为创造力的代表 37–39

Encyclopedia of Creativity 《创造力百科全书》 186

Engineering 工程 62, 173–174, 179, 183

Enlightened management 开明式管理 99–101

Esalen Institute 大苏尔埃萨伦研究所 85

Everyday Creativity (Dichter) 《日常创造力》（迪希特） 149, 194

Everyday Creativity (Narayan) 《日常创造力》（麒麟·纳拉扬） 203

Expertise 专业知识 110

F

Factor analysis 影响因子分析 33

Feminine Mystique, The (Friedan) 女性神秘 147

Figure preference tests 图形偏好测试 21f

FIRE industries (finance, insurance, real estate, engineering) FIRE 行业（金融、保险和房地产） 187, 200

Firestone, Shulamith 舒拉米斯·费尔斯通 43

Flanagan, Dennis 丹尼斯·弗拉纳根 178–179

Florida, Richard 理查德·佛罗里达 197–202, 204

Fordist (old) order 福特式的，福特主义秩序 187–189, 191

Fourth-grade slump 四年级……创造力测试分数明显下降 124

Fox, H. Herbert H. 赫伯特·福克斯 160

Frank, Thomas 托马斯·弗兰克 151, 153

Freud, Sigmund 弗洛伊德 87

Freudianism, Maslow and 弗洛伊德学说 83

Friedan, Betty 贝蒂·弗里丹 16, 41, 43–44, 98, 147

Future Problem Solving Program 解决未来问题的项目 131

G

Galbraith, John Kenneth 约翰·肯尼斯·加尔布雷斯 146

Galton, Francis 弗朗西斯·高尔顿 28–29, 31–32, 81, 223n15

Galvin, Robert 罗伯特·高尔文 62, 190

Gardner, Howard 霍华德·加德纳 190

Gardner, John W. 约翰·W. 加德纳 17, 35–36, 126–127, 190

General Electric, Missile and Ordnance Systems Department 通用电气的导弹和军械系统部门 183

General intelligence 智力测试 26–28, 33

General Motors 通用汽车 59, 62

Genetic Studies of Genius (Terman) 《天

才基因研究》(特曼) 29
Genius 天才 8, 17–18, 22, 2833, 41, 45, 48–49, 56, 84–87, 121, 135, 194–196, 241n19
Gentrification 中产阶级化 200–201
Getzels, Jacob 雅各布·格泽尔斯 190
Ghiselin, Brewster 布鲁斯特·吉瑟林 25, 46, 48, 90
Gig economy 零工经济 188, 201
Gilbreth, Frank and Lillian 弗兰克·吉尔布雷斯和莉莲·吉尔布雷斯 105–106
Gitter, Dean 迪恩·吉特 103
Globalization 全球化 187
Gold Mine Between Your Ears, The (CEF) 《你耳朵间的金矿》(创意教育基金会) 58, 62, 63f
Goodchild, W. Clark W. 克拉克·古德柴尔德 107–108, 114
Goodman, Paul 保罗·古德曼 43
Goodyear 固特异厂 59
Google Books 谷歌图书 185
Gordon, William J. J. 威廉·J.J. 戈登 75, 104–107, 109–113
Gould, Steven Jay 史蒂文·杰伊·古尔德 190
Great-man theory 伟人理论 33, 48, 190, 195
Gregoire, Carolyn 卡洛琳·格雷戈勒 3
Groups, brainstorming's reliance on 群体 67
Guild, Walter 沃尔特·吉尔得 134–135
Guilford, Joy Paul (J. P.) 乔伊·保罗·吉尔福特 20, 23–25, 27–28, 30–34, 36, 7576, 76, 82, 8788, 156, 159, 162–163, 190, 192

H

Hasso Plattner Institute of Design (d.school, Stanford University) 哈索·普拉特纳设计学院 192–193
Hennessey, Beth A., 191 贝丝·A. 亨尼西

Hidden Persuaders, The (Packard) 《隐藏的说服者》(帕卡德) 134, 191
Highly creative people 极富创造力的人 50–51
How to Think Up (Osborn) 《如何思考》(奥斯本) 52
Hudson, Liam 利亚姆·哈德森 156, 159, 164
Hughes Aircraft 休斯航天公司 240n29
Humaneness, utilitarianism versus 人道主义 15
Humanism 人本主义 79–80, 89–91, 94–95, 100–101
Humans as social beings 人类 209

I

Imagination 想象力 8, 22, 31, 69–71, 123, 144, 164, 180–181, 185
Improvisation, change and 即兴创作 91
Individualism (individuality) 个人主义 128–131, 176–177, 182, 183
Industrial Research Institute 工业研究所 50
Industry 工业 79, 193, 206
Ingenuity 聪明才智 27
Ink blot tests 墨迹测试 21f
Innovation 创新 113–115, 183, 210
Institute for Motivational Research 动机研究所 147
Institute for Personality Assessment and Research (IPAR) 人格评估与研究中心 19–20, 35, 38–39, 40, 85
Institutions of creativity 机构创造力 189–193
Intelligence 智力 26–28, 33, 157
Intelligence Quotient (IQ) 智商 (IQ) 测试 26–27, 29, 31, 33, 118, 157
Intercorrelation of creativity metrics 相互关联性 158
International Center for Creativity Studies (Buffalo State College) 国际创造力研究中心 192
Invention. *See* Synectics 发明，见集思法

Invention Design Group (ADL)　发明设计小组　105
Inventive level　发明水平　19–20, 35, 3839, 40, 45 IPAR, 85,
IQ (Intelligence Quotient)　智商 (IQ) 测试　26–27, 29, 31, 118, 157

J

Jobs, Steve　史蒂夫·乔布斯　188
Journal of Creative Behavior　《创造性行为杂志》　42, 158
Jung, Karl　卡尔·荣格　86
Juvenile delinquency　少年犯　72–73
Walter Thompson (agency)　汤普森广告公司　141

K

Kagan, Jerome　杰罗姆·卡根　42, 157–158
Kaiser Aluminum　凯撒铝业　168
Kaufman, Scott Barry　斯科特·巴里·考夫曼　3
Kelley, David　大卫·凯利　193, 195
King, Martin Luther, Jr.　马丁·路德·金, Jr.　218n11
Koestler, Arthur　亚瑟·库斯勒　95
Kristeller, Paul Oskar　保罗·奥斯卡·克里斯泰勒　5

L

Leary, Timothy　蒂莫西·利里　85, 88
Lehrer, Jonah　乔纳·雷尔　3
Leo Burnett (agency)　李奥贝纳　142–143
Liberal arts, creative thinking in　人文学科　71
Life force, creativity as　生命力量　77
Lois, George　乔治·洛伊斯　142
Lombroso, Cesare　切萨雷·隆布罗索　84
Look (magazine)　《看客》　120
Lowenfeld, Viktor　维克多·洛温菲尔德　95

M

Macalester College　玛卡莱斯特学院　70
Machine Design (journal), on creativity tests　《机器设计》，创造力测试　155
MacKinnon, Donald　唐纳德·麦金农　35–36, 75–76, 85–86, 97, 115
Mad genius theory　疯狂的天才理论　84–87
Madison Avenue. *See* advertising industry　麦迪逊大道，见广告业
Madison Avenue, U.S.A. (J. Walter Thompson profile)　《美国麦迪逊大道》(J. 沃尔特·汤普森简要概述)　141
Madonna of the Rocks (Leonardo da Vinci)　《岩间圣母》(列奥纳多·达·芬奇)　175
"Maintainers,"　"运维者"　210
Mallory, Margaret　玛格丽特·马洛里　130
Marcuse, Herbert　赫伯特·马尔库塞　11
Marketing and innovation　营销与创意　113–115
Market research, in advertising industry　广告业的市场调研　135, 141
Martineau, Pierre　皮埃尔·马蒂诺　139
Masculinity, cult of　男子气概　f 97
Maslow, Abraham　亚伯拉罕·马斯洛　44,47, 75, 79–80, 80–85, 87–89, 91–99, 99–101, 110, 148, 164, 168-169, 178,205
Mass society　大众社会　10–17
May, Rollo　罗洛·梅　79–80, 86, 90
McCall's (magazine), brainstorming activities　《麦考尔》，头脑风暴活动　60–61
McGregor, Douglas　道格拉斯·麦格雷戈　99, 112
McKinsey Foundation of Management Research　麦肯锡管理研究基金会　50

McMahon, Darrin 达林·麦克马洪 41
McNemar, Quinn 奎恩·麦克尼玛 156
McPherson, Joe 乔·麦克弗森 45, 50
"Memphis Manifesto,"《孟菲斯宣言》198
Mental health 心理健康 97
Merger splurges 并购狂潮 134
Military industrial complex 军事工业联盟 10, 14, 171
Minnesota Tests of Creative Thinking, *See also* Torrance Tests for Creative Thinking "明尼苏达创造性思维测试",见托伦斯创造性思维测试 122
Missile gap "导弹差距" 182–183
Modern management theory 现代管理 112
Montagu, Ashley 阿什利·蒙塔古 31
Moreau, Jacques Joseph 雅克·约瑟夫·莫罗 84
Morris, William 威廉·莫里斯 206
Motivational research 消费动机研究 105
Mould, Oli 奥利·莫尔德 202
Mowrer, O. Hobart O. 霍巴特·莫勒 12
Mumford, Lewis 刘易斯·芒福德 170
Myths on creativity 关于创造力的神话 193–196

N

Naming the concept of creativity 定义 8–10
National Endowment for the Arts (NEA) NEA 国家艺术基金会 199
National Organization for Women 美国全国妇女组织 41
Navy, brainstorming in 海军,头脑风暴 60
Negus, Keith 基思·内格斯 196
Neoliberal reforms 新自由主义改革 186–187
Neuroscience 神经科学 189–190
New economy (new order) 新经济时代 187–189
Nicholson, Ian A. M. 伊恩 A.M. 尼科尔森 98
Nixon, Sean 肖恩·尼克松 197
Non-Linear Systems company 非线性系统 99
Novelty 新颖性 45, 210–211
Nussbaum, Bruce 布鲁斯·努斯鲍姆 194

O

Occupations, use in research methodologies 职业,用于研究方法 36
Odell, Jenny 珍妮·奥戴尔 209–210
Odyssey of the Mind 心灵奥德赛 1
Ogilvy, David 大卫·奥格威 50, 66, 143
Oppenheimer, J. Robert J. 罗伯特·奥本海默 172
Oppression, freedom within 压迫 203
Optimism, pessimism versus 乐观 16
Organization man, the 组织者 2, 13
Originality 原创性 27, 219n17
Osborn, Alexander Faickne 亚历山大·费克尼·奥斯本 52–60, 67, 69–72, 73–75, 125, 139, 163, 192

P

Packard, Vance 万斯·帕卡德 11, 134, 147
Parker, Dorothy 桃乐西·帕克 7
Parnes, Bea 比娅·帕尼斯 192
Parnes, Sidney J. 西德尼·J. 帕尼斯 61–62, 65, 73–74, 76, 125, 156, 192
Partnership for 21st Century Skills 21 世纪技能伙伴关系 2
Permanent revolution 永久革命 10
Persistence, importance of 持之以恒的精神 162
Pessimism, optimism versus 悲观 16
Peterson, Oscar 奥斯卡·彼得森 190
Pickering, Michael J. 迈克尔·J. 皮克

林 196
PKL (agency) PKL 公司 142
Pleuthner, Willard 威拉德·普莱瑟纳 64–65, 67–69
Pluralism in American schools 美国学校 126–127
Port Huron Statement (Students for a Democratic Society) 休伦港声明（学生争取民主社会组织） 242n35
Post industrialism 后工业主义 187
Pound, Ezra 埃兹拉·庞德 219n17
Practice of Creativity, The (Prince) 《创造力的实践》(普林斯) 103
Prince, George 乔治·普林斯 103–107, 109–111, 113, 116
Pringles 品客 115
Product development 产品开发 113–114
Productivity, as goal of creativity 社会生产力 93
Psychometrics 心理测量学 26–28, 30–31, 122

R

Race 种族 30–31, 39, 201
Radio Corporation of America (RCA) 美国无线电公司 240n29
RAND corporation 兰德公司 68f
Razik, Taher A. 塔希尔·A. 拉齐克 49
Reason-why advertising 广告合理性 140, 144, 146, 148, 152
Reckwitz, Andreas 安德雷亚斯·莱克维茨 185
Reeves, Rosser 罗瑟·里夫斯 236n29
Reification 实体化过程 21
Rexroth, Kenneth 肯尼斯·雷克斯罗斯 19, 35
Riesman, David 大卫·里斯曼 11–12, 86, 190
Rise of the Creative Class (Florida) 《创意阶层的崛起》(佛罗里达) 197
Robinson, Kenneth 肯尼斯·罗宾逊 2–3
Rockefeller Brothers Fund 洛克菲勒兄弟基金会 13, 126, 127
Roe, Anne 安妮·罗 38, 46
Rogers, Carl 卡尔·罗杰斯 67; 78–79, 85, 90, 109110, 164, 168–169
Romantic notion of creativity 关于创造力的浪漫想法 84–87, 95, 105, 193–194, 202
Rosenberg, Harold 哈罗德·罗森伯格 219n17
Roszak, Theodore 西奥多·罗斯扎克 11–12

S

Sartre, Jean-Paul 让-保罗·萨特 86
Schlafly, Phyllis 菲莉斯·施拉夫利 43
Schlesinger, Arthur 阿瑟·施莱辛格 126
Schumpeter, Joseph 约瑟夫·熊彼特 12–14, 76, 218n11
Scientific American (journal) 《科学美国人》 174–175
Scientific management 科学管理 104–112
Second-wave feminism 第二波女权主义 41
Self-actualization 自我实现 44, 78–101, 188, 184
"Self-Actualizing People" (Maslow) 《人的自我实现：心理健康研究》(马斯洛) 81
Self-help writers 励志作家 56–57
Shapin, Steven 史蒂文·沙平 171
Shockley, William 威廉·肖克利 31, 50
Shoe, the (United Shoe Machinery Corporation, USMC) 美国制鞋机械公司 102–104, 106–108, 114–115
Simonton, Dean Keith 迪恩·基思·西蒙顿 190
Simpson, Virgil 维吉尔·辛普森 64–65
Skinner, B. F. B.F. 斯金纳 24
Smith, Paul 保罗·史密斯 66, 68, 137–138, 140, 144

Social change, great-man theory of 社会变革，伟人理论 33, 48, 190, 195
Social efficiency, as educational goal 社会效率，作为教育目标 127
Social mobility, as educational goal 社会流动性，作为教育目标 127
SoHo effect SoHo 效应 199
Sourcebook for Creative Thinking (CEF) 《创造性思维资料》（创意教育基金会） 75
Soviet Union (USSR) 苏联 13 177
Spearman, Charles 查尔斯·斯皮尔曼 26
Specialization, impact of 专业化教育 171
Spock, Benjamin 本杰明·斯波克 43
Sprecher, Thomas B. 托马斯·斯普雷彻 45, 4748
Sputnik 人造卫星 15, 17, 117–118
Stanford Research Center 斯坦福研究中心 172–173
Starkweather, John A. 约翰·斯塔克威瑟 21f
Stassen, Marilyn 玛丽莲·斯塔森 129
Stein, Morris 莫里斯·斯坦 45–46, 50
Steiner, Gary 加里·斯坦纳 50–51
Sternberg, Robert 罗伯特·斯滕伯格 194
Success, as proxy for creativity 成功作为创造力的象征 40
Suggestion systems 建议机制 59–60
Summer Creativity Workshop (University of Utah) 暑期创意研讨会 75
Swiffer mops 速易洁的拖把 115
Synectics 集思法 102–116, 107f
Synectics, Inc. 集思公司 106, 168
The Development of Creative Capacity (Gordon) 《集思：创造力的发展》（戈登） 106
Synergy 协同作用 99

T

Taylor, Calvin 卡尔文·泰勒 23, 25–28, 31, 33, 38, 75, 85, 120, 125, 156, 160–163,
Taylor, Donald 唐纳德·泰勒 65–67
Taylor, Fredrick Winslow 弗雷德里克·泰勒 105–106
Taylor, Irving 欧文·泰勒 160–161
Taylorism (Theory X) 泰勒主义 112
Technology. See science and technology 技术，见科学与技术
Television, portrayals of maleness on 电视机 98
Terman, Lewis 刘易斯·特曼 27, 29–30
Tests for creativity 关于创造力的测试 34, 36, 122, 156–159.
Theory X (Taylorism) X 理论 112
Theory Y Y 理论 112
Therapy, Synectics as 疗愈法 110
Thinking, as educational goal 思考，作为教育的目标 128
Thorndike, Robert 罗伯特·桑代克 156
Thurstone, L. L. L.L. 瑟斯通 32–34
Tolerance, roles of 包容 93
Torrance, Ellis Paul 埃利斯·保罗·托伦斯 75–76, 80, 117–124, 127–129, 131–132, 156–157, 163, 233–34n5
Torrance Center for Creativity and Talent Development (University of Georgia) 托伦斯创造力和人才发展中心（佐治亚大学） 192
Torrance Incubation Model 托伦斯孵化模型 131–132
Torrance Tests for Creative Thinking (TTCT) 托伦斯创造性思维测试 118, 121–124, 123f, 157–158, 190, 234n12
Totalitarianism, consumerism and 托伦斯孵化模型 131–132
"Toward a Theory of Creativity" (Rogers) 《走向创造力理论》（罗杰斯） 78–79
Toynbee, Arnold 阿诺德·汤因比 16–17
TTCT. See Torrance Tests for Creative

Thinking 托伦斯创造性思维测试 190
Tumin, Melvin 梅尔文·图明 94–95

U

Uncreative people 创造力缺乏之人 83–84
United Kingdom (Britain), New Labour's use of term "creativity," 英国新工党对"创造力"的观点 218n10
United Shoe Machinery Corporation (USMC, the Shoe) 美国制鞋机械公司 102–104, 106–108, 114–115
University of Buffalo (later SUNY Buffalo) 布法罗大学 73, 75
University of Georgia 佐治亚大学 131, 192
University of Utah 犹他大学 75
Upjohn, W. John 约翰·厄普 66
US Army Engineer School 美国陆军工程学校 80–81, 84
USMC (United Shoe Machinery Corporation, the Shoe) 美国制鞋机械公司 102–104, 106–108, 114–115
USSR (Soviet Union) 苏联 13, 177
Utah Conferences on the Identification of Creative Scientific Talen 犹他会议 20, 25, 27, 41–42, 47, 75, 82, 85, 94–95, 125

V

VanHemert, Kyle 凯尔·范赫默特 64–65
Vinsel, Lee 李·文塞尔 210
Volkswagen, advertising for 大众汽车 150

Von Fange, Eugene 尤金·冯·方格 51
Von Mises, Ludwig 路德维希·冯·米塞斯 148

W

Waldorf Astoria conference on creativity (1958) 华尔道夫·阿斯特里亚会议 (1958) 137–139
Wall Street Journal, article on brainstorming 《华尔街日报》关于头脑风暴 60
Watson, Thomas 托马斯·沃森 16
Wertheimer, Max 马克斯·韦特海默 82
Westinghouse Bettis Atomic Energy Division 西屋贝蒂斯原子能实验室 179, 182
White-collar labor, postwar expansion of 白领劳动力 11
"Why Man Creates" (Bass) 《人类为什么要创造》(巴斯) 166–168
Whyte, William H. 威廉·H. 怀特 12–13, 66, 103, 135, 171
Wisnioski, Stephen 斯蒂芬·威斯尼奥斯基 172
Women 妇女 40–43, 59, 62
World Economic Forum 世界经济论坛 2

Y

Young & Rubicam (agency) 杨鲁比卡姆广告公司 145

Z

Zilborg, Gregory 格雷戈里·齐尔伯格 138

图书在版编目（CIP）数据

解构创造力：百年狂热史/（美）塞缪尔·W.富兰克林（Samuel W. Franklin）著；王筱蕾，谢璐译. -- 北京：社会科学文献出版社，2025.3. -- ISBN 978-7-5228-4851-8

Ⅰ.G327.12

中国国家版本馆CIP数据核字第20256NX411号

解构创造力：百年狂热史

著　者 /	〔美〕塞缪尔·W.富兰克林（Samuel W. Franklin）
译　者 /	王筱蕾　谢　璐
出 版 人 /	冀祥德
责任编辑 /	杨　轩　常春苗
文稿编辑 /	顾　萌
责任印制 /	王京美
出　版 /	社会科学文献出版社·教育分社（010）59367069 地址：北京市北三环中路甲29号院华龙大厦　邮编：100029 网址：www.ssap.com.cn
发　行 /	社会科学文献出版社（010）59367028
印　装 /	三河市东方印刷有限公司
规　格 /	开　本：889mm×1194mm 1/32 印　张：9.5　字　数：203千字
版　次 /	2025年3月第1版　2025年3月第1次印刷
书　号 /	ISBN 978-7-5228-4851-8
著作权合同 登 记 号 /	图字01-2023-6075号
定　价 /	89.00元

读者服务电话：4008918866

版权所有 翻印必究